GAODENG YUANXIAO ZHUANLI JIAZHI
PINGGU JI ZHUANHUA SHIZHENG YANJIU

高等院校专利价值
评估及转化实证研究

乔永忠 姚清晨 等著

知识产权出版社
全国百佳图书出版单位

图书在版编目（CIP）数据

高等院校专利价值评估及转化实证研究 / 乔永忠等著. —北京：知识产权出版社，2018.1
ISBN 978-7-5130-5311-2

Ⅰ. ①高…　Ⅱ. ①乔…　Ⅲ. ①高等学校－专利－评估－研究－中国　Ⅳ. ①G306.3

中国版本图书馆CIP数据核字（2017）第298203号

内容提要

专利价值评估和高等院校专利转移转化是加快我国专利事业发展、建设知识产权强国以及实现创新驱动发展战略的两个重要主题。本书以这两个主题为重点，以我国某高等院校为例，在现有研究基础上构建专利价值评估指标体系，对该高等院校的专利进行了价值评估；并在评估结果的基础上，探讨了该高等院校专利管理和转移转化的现状和问题，提出了相关的对策建议。

本书数据翔实、全面客观，其中专利价值评估指标体系不仅适用于高等院校，也对科研院所、企业、个人等创新主体有参考作用。对于专利管理人员、研究人员和知识产权专业的学生，本书也具有一定的参考价值。

责任编辑：安耀东　刘　睿　　　　**责任印制：**孙婷婷

高等院校专利价值评估及转化实证研究

GAODENG YUANXIAO ZHUANLI JIAZHI PINGGU JI ZHUANHUA SHIZHENG YANJIU

乔永忠　姚清晨　等著

出版发行：知识产权出版社有限责任公司　**网　址：**http: //www.ipph.cn
http: //www.laichushu.com
电　话：010-82004826
社　址：北京市海淀区气象路50号院　**邮　编：**100081
责编电话：010-82000860转8534　**责编邮箱：**anyaodong@cnipr.com
发行电话：010-82000860转8101　**发行传真：**010-82000893
印　刷：北京中献拓方科技发展有限公司　**经　销：**各大网上书店、新华书店及相关专业书店
开　本：720mm×1000mm　1/16　**印　张：**12.5
版　次：2018年1月第1版　**印　次：**2018年1月第1次印刷
字　数：173千字　**定　价：**68.00元

ISBN 978-7-5130-5311-2

前　言

创新是推动一个国家和民族乃至整个人类社会向前发展的重要力量。高等院校不仅是优秀人才的聚集地，还是科学技术的主要发源地，也是发明创造及其专利的产生地。有媒体报道，2017年4月20日，山东理工大学“无氯氟聚氨酯新型化学发泡剂”专利技术以5亿元人民币天价转让；同年5月18日，同济大学将其物理科学与工程学院王占山教授团队自主研发的“高性能激光薄膜器件及装置”6项发明专利以3800万元人民币的价格授权转让给润坤（上海）光学科技有限公司；同年9月，中南大学将其冶金与环境学院赵中伟教授团队的“电化学脱嵌法从盐湖卤水提锂”技术3件相关专利，以1.048亿元人民币许可费许可上海郸华科技发展有限公司使用。上述事实说明高等院校可以产出一些高价值的专利，并且得到有效运用。然而，我国高等院校科研成果转化为专利比例低，专利转化率不容乐观的现实不可忽视。据教育部《中国高等院校知识产权报告2010》统计，中国高等院校的专利转化率普遍低于5%。这种现状显然与“大众创业、万众创新”和“加快实施创新驱动发展战略”有较大差距。为了贯彻《中共中央国务院关于深化体制机制改革加快实施创新驱动发展战略的若干意见》，提升高等院校科技进步对经济发展的贡献度，需要破除制约高等院校创新的思想障碍和制度藩篱，激发高等院校的创新活力和创造潜能。为此，亟须通过实际调研结果分析和评估高等院校专利价值，摸清高等院校专利转化率低的根源，提升其研发投入与专利产出比例，提高专利转化率。

本书以国内某高等院校产出专利作为调研对象，通过全面深入分析该高等院校研发产出，摸清其现有有效专利现状及其专利质量，并提出提升专利转化率的对策。主要包括以下内容：①《高等院校专利价值评估指标体系及其分解》为构建专利价值评估指标体系提供依据；②《高等院校不同技术领域专利价值计算方法》为各级评估指标赋值、确定权重以及专利价值计算提供依据；③《某高等院校技术领域专利价值评估实例报告》分析并评估了1286件发明专利价值并对其进行分类；④《高等院校专利（知识产权）转移转化与管理方案》为提高某高等院校专利意识和专利管理水平、提升专利转化率提供参考。

本书为集体研究成果，乔永忠（西南政法大学政治公共管理学院教授）主持编写，姚清晨（北京大学政府管理学院博士研究生）协助统稿等。主要内容由乔永忠、姚清晨、周园（重庆理工大学知识产权学院副教授）、胡海国（深圳市世纪恒程知识产权有限公司总经理）、沈文静（郑州市中原区农业农村工作委员会）、杜冠甫（深圳中一专利商标事务所）、王治超（重庆海川资产清算服务有限公司）编写。

本研究成果获得西南政法大学校级重点项目“知识产权交易过程中的专利资产评估研究”（项目编号：09XZ-ZD-08）、国家自然科学基金面上项目“专利维持机理及维持规律实证研究”（项目编号：71373221），和重庆市重点一级学科——西南政法大学公共管理学科的以下资金项目资助：中央支持地方高校改革发展资金项目“行政管理双一流专业建设”、重庆市特色学科专业群项目“舆情传播与风险管理”、重庆市行政管理“三特专业计划”项目。

目　　录

第一部分

高等院校专利价值评估
指标体系及其分解

1 高等院校专利价值评估指标体系

高等院校是人才集聚和知识集聚的地方，随着建设创新型国家战略的实施，高等院校的科技投入在不断加大，科技成果数量呈快速增长趋势，然而专利成果转化数量并不尽如人意，这种现象受到社会各界的关注。[1]为贯彻《中共中央国务院关于深化体制机制改革加快实施创新驱动发展战略的若干意见》，提升高等院校科技进步对经济发展的贡献度，同时摸清高等院校专利转化率低的根本原因并找出解决方案，亟须通过实际调研以分析和评估高等院校的专利价值，从而提升高等院校研发投入与专利产出的比例，提高高等院校专利转化率。

1.1 专利价值评估指标体系的构建方法

为了提升高等院校科研水平，促进其专利的转移转化，需要构建科学合理的评估高等院校专利价值的指标体系。近年来有不少学者尝试建立一个科学、全面的专利价值评估指标体系。[2]高等院校专利价值指标体系应该针对高等院校专利价值分析的重要性及实际需求，确定专利价值分析的具体内容和方法，对价值分析的流程进行标准化。专利价值分析体系以定量分析为主，辅以定性分析。通过建立严谨的流程管理和操作方法，最大限度地减少主观因素的影响，提高评估指标体系的科学性和合理性。首

[1] 王瑞敏，等.影响高校专利转化的因素分析和对策研究[J].科研管理，2013(3)：137-144.

[2] 唐恒，孔潆婕.专利质押贷款中的专利价值分析指标体系的构建[J].科技管理研究，2014(2)：105-108.

先，评估指标体系要求对特定高等院校相关技术领域专利进行统一的前期检索，由课题组检索小组对检索数据库来源和检索规则进行掌控和管理，直至生成标准的检索报告；其次，设立全面的二级指标体系，并基于特定高等院校的需求、技术领域等为指标分配不同的权重，从而确保这些指标能够从宏观与微观层面涵盖专利在法律、技术和经济三个维度上的质量与价值，并分别生成针对这三个维度的分析结果；再次，对分析结果进行汇总，以一种新定义的标准度量来表示汇总后的分析结果，并整合为分析报告；最后，设计具有针对性的双层检验机制，即通过项目负责人执行一致性检验以及通过终身委员会实施流程规范性审查，最大限度地克服指标体系及汇总结果的主观随意性。为了增强评估指标体系的适用性和高效性，实现评估流程透明化管理，所有评估环节均能留下相关记录，由课题组负责人进行监控，实现操作透明化，同时确保专家团队的匿名性。

1.2 专利价值评估指标体系的构建原则

专利价值评估指标体系是指一套能够反映所评价专利价值的总体特征，并且具有内在联系、起互补作用的指标群体，它是专利在交易中的内在价值的客观反映。如何建立科学的专利价值评价指标体系及评估模型已成为目前理论界和实务界探讨的热点。[1]一个合理、完善的指标体系，是对专利价值进行分析的先决条件。建立专利价值评估指标体系至少应该遵循如下原则。[2]

（1）系统性原则。专利价值评估过程是一个完整的系统工程，评估指标体系应能全面地反映所评价专利在交易过程中可能涉及的各方面因素的综合情况，所以评估指标体系构建需要对专利的法律、技术、经济价值进

[1] 吕晓蓉. 专利价值评估指标体系与专利技术质量评价实证研究[J]. 科技进步与对策，2014（20）：113-115.

[2] 中国技术交易所. 专利价值分析与评估体系规范研究[M]. 北京：知识产权出版社，2016.

行全面、客观和系统的考察。

（2）可操作性原则。指标体系中指标的含义必须明确，有利于进行分析与打分，从而是可操作的，并具有横向可比性。定量指标与定性指标相结合，但是评估指标应该具有较强的可操作性，方便准确地确定指标数值。

（3）时效性原则。指评估指标体系应针对预先确定的特定时刻的专利分析，因为不同时间点专利的有效性、维持时间和被引指标等不同。在专利所处的不同时期，影响专利价值的指标评估值及其权重应该有所不同，并可以根据需要进行相应调整和改变。

（4）层次性原则。是指评估指标体系结构自身的多重性，即一个指标可以由若干个子指标所决定而构成树形结构，这将为衡量专利在各个方面的价值以及确定指标的权重带来方便。专利价值评估指标体系可以划分为不同层：第一层，即从专利自身属性的角度，将指标分为法律、技术和经济三个指标；第二层，即从专利功能的角度，将第一层指标分别分解为若干项支撑指标。

（5）重要性原则。是指评估指标体系设置要有重点，对于非重要方面的指标可以适当放弃或设置为较低权重，以简化评价过程。

1.3 专利价值评估指标体系的结构

专利价值是在某一评估场景中主体在事实状态与假定状态下未来收益折现的差值。[1]而指标体系的构建是整个评估模型的关键问题，直接影响到评估结果的准确性。[2]专利价值评估涉及诸多的指标，因此识别影响专

[1] 张娴.美、日、德三国专利说明书对比分析[J].科技情报开发与经济，2005，15(13)：91-93.

[2] 杨丹丹.基于数据挖掘的企业专利价值评估方法研究[J].科学学与科学技术管理，2006(2)：42-44.

利价值的关键指标有利于我们进行更加准确和有效的专利评估。[1]温度计可以度量“冷”“热”，类似地，专利价值度（patent value degree，PVD）可以度量专利的“好”“坏”，从而能够支持多个专利进行横向、纵向的对比，以便从最直观的意义上对专利价值进行度量。根据检索数据以及高等院校的特征分析不同技术领域专利价值特征，专利价值评估指标体系组设计二层指标并确定权重，最终形成对专利价值统一衡量的标准化度量工具——专利价值度。专利价值度的三维度划分及计算方法如图 1-1 所示。[2]

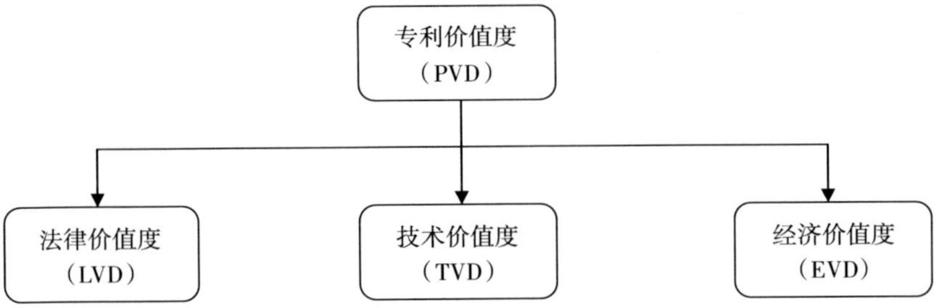

图 1-1　专利价值度的三个维度

$PVD = \alpha \times LVD + \beta \times TVD + \gamma \times EVD.$

其中，$\alpha + \beta + \gamma = 100.$

对特定高等院校专利数据进行分析，在三个二级指标的基础上分别设置若干项三级指标。通过专家打分法对各个三级指标的权重进行确定。

为了便于特定高等院校以及对相关专利投资者和潜在被许可人等从各个角度分析专利价值，本书将专利价值评估指标体系划分为法律价值度、技术价值度和经济价值度三个方面。

---

❶ 邱一卉，等. 基于分类回归树算法的专利价值评估指标体系研究[J]. 厦门大学学报（自然科学版），2017（2）：244-251.

❷ 徐向阳，滕波. 专利价值分析体系的全方位解析[J]. 中国专利知识产权，2012（8）.

2　高等院校专利价值评估指标体系分解

2.1　法律价值度指标与评判标准

2.1.1　法律价值度评价指标

法律价值度是评价专利价值时与法律相关的评价指标，具有较强的法律属性。图2-1给出了法律价值度的评价指标以及二级指标的分值分配。

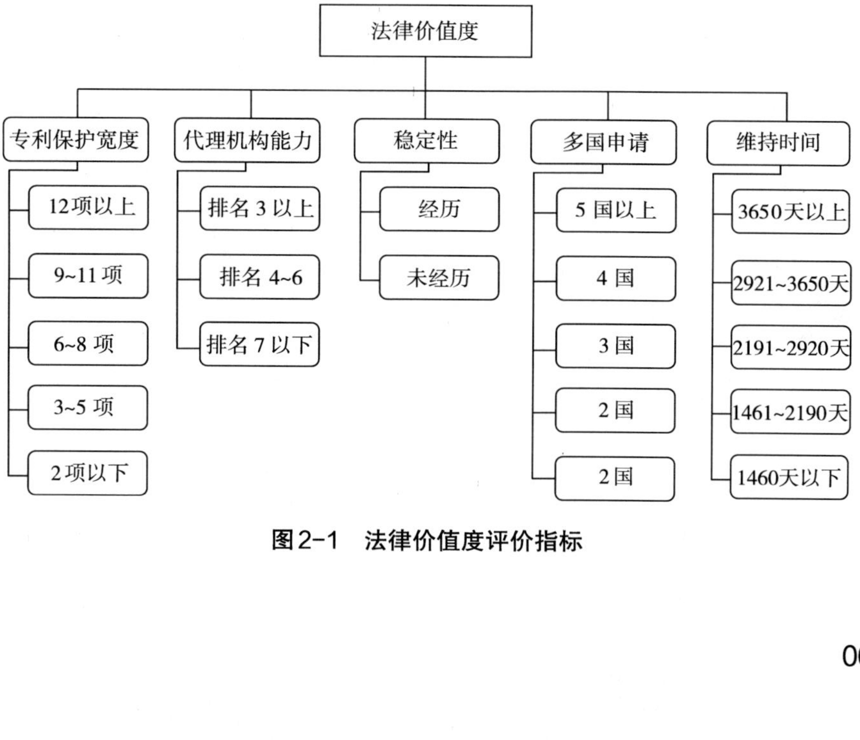

图2-1　法律价值度评价指标

2.1.2 法律价值度二级指标与评判标准

法律价值度二级指标的定义与评判标准具体界定如表2-1所示。

表2-1 法律价值度二级指标的定义与评判标准

二级指标	定义	评判标准
专利保护宽度	该项发明专利技术方案保护范围的宽度	待评发明专利的权利要求数，权利要求数越多说明专利保护的范围越窄，则评分越高
代理机构能力	代理该项发明专利进行专利申请的代理机构业务水平	某代理机构代理的某高等院校发明专利数量越多，则在全部代理机构中的排名越靠前，评分越高
稳定性	一项被授权的发明专利在行使权利的过程中被无效的可能性	待评发明专利及同族专利经过复审、无效程序，或涉及诉讼的结果，若经过此类程序后仍然有效，则评分为10分，否则为0分
维持时间	授权发明专利自申请日至检索日的时间	待评发明专利的有效期越长，则评分越高
多国申请	本专利是否在除本国之外的其他国家提交过申请	待评发明专利的多国申请越多，则评分越高

2.2 技术价值度指标与评判标准

2.2.1 技术价值度评价指标

技术价值，指专利技术本身的性能带来的价值。创新技术是专利的核心所在，当然也是专利价值的重要构成因素。[1]技术价值度评价指标具体界定以及分值分配如图2-2所示。

[1] 万小丽，朱雪忠．专利价值的评估指标体系及模糊综合评价[J]．科研管理，2008(2)：185-191.

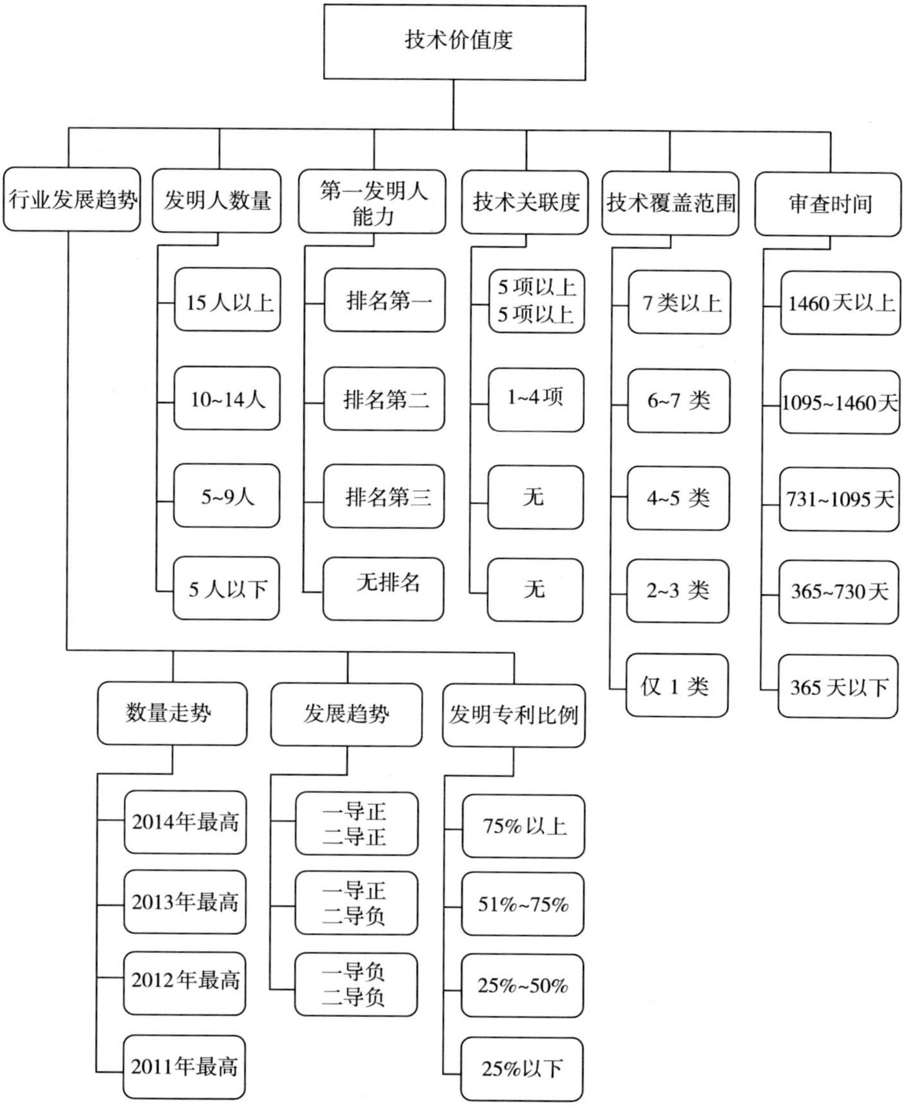

图2-2　技术价值度评价指标以及分值分配

2.2.2　技术价值度二级指标定义与评判标准

技术价值度二级指标的定义与评判标准具体界定如表2-2所示。

表2-2　技术价值度二级指标的定义与评判标准

二级指标	定义	评判标准
行业发展趋势	发明专利总数最高年份	将待评专利所属行业以其分类号为准，分为三个三级指标：①与该待评专利属于同一主分类号的申请专利总数最多的年份距目前越近，则分值越高，即2014年申请专利总数最多，得10分；2013年最多，得8分，以此类推。②发展趋势：若2012—2014年申请专利总数模拟函数的导数为正且二次导数为正，则得10分，若导数为正并且二次导数为负，则得6分，若导数为负则得2分。③2014年，该主分类号下发明专利数量占专利总数比例大于75%则得10分，小于75%且大于50%评6分，小于50%且大于25%评4分，小于25%则为2分
发明人数量	单件发明专利的发明人数量	单件发明专利的发明人数越多，说明对该项发明专利做出创造性贡献的人越多，则专利价值相对越高，评分越高
第一发明人能力	发明专利的第一发明人在该领域进行发明创造的能力	待评专利主分类号（如A01）下，第一发明人发明专利数量排名（作为第一发明人，发明的专利数量越多，排名越靠前，取前三位且发明数量大于等于3）
技术覆盖范围	发明专利所属专利分类号的数量	待评发明专利所属专利分类号的数量越多，说明该项发明专利的应用领域越广，专利相关的技术覆盖面更广，则专利应用广度越高，评分越高
技术关联度	发明专利的引证专利数和被引证专利数	待评发明专利的引证专利数与被引证专利数越多，说明该项发明专利一方面借鉴其他专利技术的程度越高；其技术被更多的其他专利引用，则技术水平越高，评分越高
审查时间	发明专利从申请日到授权日的时间	待评发明专利的审查时间越长，说明该项专利的技术越复杂，技术价值越高，评分越高

2.2.3　技术价值度二级指标的赋值标准

技术价值度二级指标的赋值标准如表2-3所示。

表2-3　技术价值度二级指标的赋值标准

支撑指标		分值				
		10	8	6	4	2
行业发展趋势	发明专利总数最高年份	2014	2013	2012	2011	2010
	发明专利数量走势	一次导数为正 二次导数为正		一次导数为正 二次导数为负		一次导数为负 二次导数为负
	发明专利数量比例/%	>75		51~75	25~50	<25
发明人数量/人		>15	10~14	5~9		<5
第一发明人能力		排名第一		排名第二	排名第三	
技术覆盖范围/类		>7	6~7	4~5	2~3	1
技术关联度/项		>5		1~4		无
审查时间/天		>1600	981~1600	701~980	500~700	<500

2.3　经济价值度指标定义与评判标准以及赋值标准

2.3.1　经济价值度评价指标

经济价值度是评价专利价值时与经济效益有关的评价指标。图2-3给出了经济价值度的评价指标，而表2-4与表2-5分别给出了经济价值度二级指标的定义与评判标准以及二级指标的分值分配。

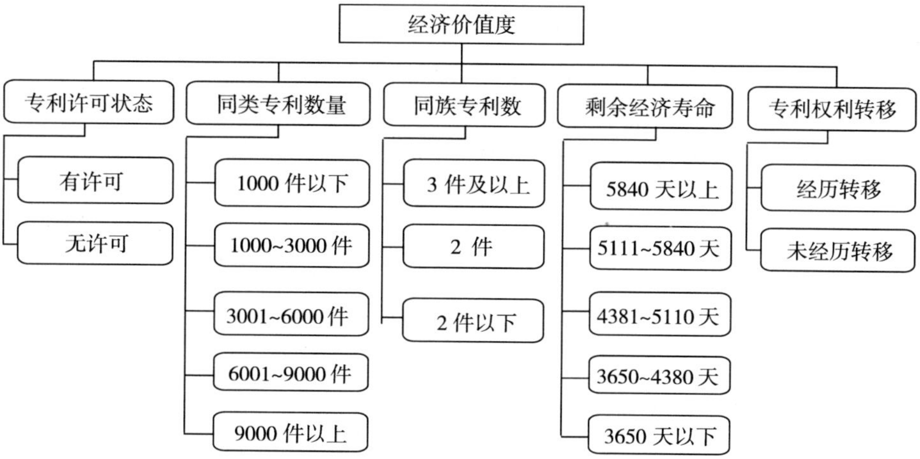

图2-3　经济价值度评价指标

2.3.2 经济价值度二级指标的定义与评判标准

经济价值度二级指标的定义与评判标准如表2-4所示。

表2-4 经济价值度二级指标的定义与评判标准

二级指标	定义	评判标准
专利许可状态	本专利权人是否将本专利许可他人使用	进行了专利许可的发明专利说明其对于其他市场主体或科研主体具有使用价值，因此经历了专利许可的发明专利评分更高
同类专利数量	同类专利数量表明与该项专利属于同一专利分类号的专利总数	如果一项专利的同类专利数量较多，则表明同一技术领域中有较多发明专利，即待评专利有较多存在竞争状况的专利，那么待评专利的竞争力较弱，经济价值度较低；反之，如果一项专利拥有较少数量的同类专利，表明该项专利在统一技术领域中的竞争专利较少，则经济价值较高
同族专利数	同族专利是指基于同一优先权文件，在不同国家或地区，以及地区间专利组织多次申请、多次公布获批准的内容相同或基本相同的一组专利	待评专利的同族专利数越多，说明该专利在更多的国家或地区同时受到保护，尤其是在欧美日等国家和地区，因此同族专利数越多，评分越高
剩余经济寿命	假设发明专利能够维持至法定保护期届满，则该发明专利的剩余经济寿命即法定保护期与目前维持的时间之差	待评专利的剩余经济寿命越长，说明该发明专利发挥价值的潜力期越长，则评分越高
专利权利转移	专利权人是否将发明专利权通过出售或赠予等方式转移给其他组织或个人	组织或个人购买发明专利，说明该项专利对其具有使用价值，同时通过权利转移，原专利权人在一定程度上获得了收益，说明经历了权利转移的发明专利经济价值更高，则评分更高

2.3.3 经济价值度二级指标的赋值标准

经济价值度二级指标的赋值标准如表2-5所示。

表2-5　经济价值度二级指标的赋值标准

支撑指标	分值				
	10	8	6	4	2
专利许可状况	有许可				无许可
同类专利数量/件	<1000	1000~3000	3001~6000	6001~9000	>9000
同族专利数/件	>3		2		<2
剩余经济寿命/天	>5840	5111~5840	4381~5110	3651~4380	<3650
专利权利转移	经历转移				未经历转移

第二部分

高等院校不同技术领域
专利价值计算方法

3　高等院校专利价值计算方法

3.1　法律价值度

法律价值度是指从法律的角度来评价一项专利的价值。一项授权的专利是一个法律文件，其中通过文字描述限定了要求保护的发明创造的具体特征。本书专利评估指标体系主要针对发明专利进行分析。发明专利文件包括权利要求书、说明书、附图和摘要。权利要求限定具体的保护范围，说明书和附图用于解释权利要求，在专利审查、无效或者诉讼过程中，专利权人对权利要求的解释都会影响到权利要求的保护范围。

为了使得法律价值度的分析具有可操作性，将法律指标细分为5个支撑指标，包括专利保护宽度、代理机构能力、维持时间、多国申请和稳定性。每个指标分值都为0~10分。

上述5个指标在法律价值度中所占的权重如表3-1所示。

表3-1　法律价值度中支撑指标的权重

指标	专利保护宽度	代理机构能力	稳定性	维持时间	多国申请
权重/%	7.06	2.87	9.83	6.49	8.37

说明：权重确定的具体方法在下文中专门说明，下同。

法律价值度的计算公式为：

法律价值度=专利保护宽度评分×7.06%+代理机构能力评分×2.87%+维持时间评分×6.49%+多国申请评分×8.37%+稳定性评分×9.83%。

下面将依次说明各个法律支撑指标的详细分析原则和权重。

3.1.1 专利保护宽度

专利保护宽度是指本授权专利技术方案所保护的权利范围，即其权利要求所限定范围。

专利保护宽度表明一项专利的保护范围，通过独立权利要求和从属权利要求显示。❶一般而言，一项专利的权利要求较多，说明其保护的技术限定较多，则保护范围较小。❷这种情况下专利的创新点较小，但在维护权利范围方面具有优势，且更容易获得专利授权。专利保护宽度通过专利授权文献中的权利要求数计算。其在法律价值度中的权重确定为7.06%。

专利保护宽度的评分可参考表3-2。

表3-2 专利保护宽度的具体分析分值

权利要求数/项	>12	9~11	6~8	3~5	<2
分值	10	8	6	4	2

3.1.2 代理机构能力

专利代理机构能力是指为某高等院校进行专利申请代理业务的代理机构业务水平。

之所以将代理机构能力作为法律价值度的指标之一，是因为在专利代理领域，代理机构的业务水平会对专利申请结果乃至专利维持状况产生一定影响。某高等院校进行发明创造的科研技术人员熟悉该领域的知识和实践技能，然而在发明被创造之后，科研人员不一定有专业能力撰写专利申请书、说明书等材料，不能将发明成果用专利文献的形式进行合理表达。

❶独立权利要求齐记载解决技术问题的必要技术特征；从属权利要求则通过增加新的技术特征进一步优化和限定独立权利要求，本身必定落在独立权利要求的保护范围之内。

❷为统计方便，本书未对待评专利的独立权利要求和从属权利要求分别进行统计。

不同专利代理机构一般在不同技术领域的专利文献撰写上具有不同优势，而在专利申请中，申请材料的专业水平很大程度上决定了专利申请的成功与否。本书根据某高等院校实际，对与其有过业务往来的代理机构，以代理专利的数量为标准，列出代理专利数在5件以上的所有代理机构并进行排名。代理机构能力在法律价值度中的权重确定为2.87%。

代理机构能力的评分可参考表3-3。

表3-3　代理机构能力的具体分析分值

排名	>3	3~4	4~6	6~7	7<
分值	10	8	6	4	2

3.1.3　稳定性

稳定性指标是指一项被授权的专利在行使权利的过程中被无效的可能性。

被授权的专利行使权利的方式一般有许可和诉讼，在诉讼过程中，竞争对手通常会对诉争专利提起无效请求。据统计被提起无效的专利有50%的可能性被全部或部分无效。被部分无效的专利其保护范围被缩小，被全部无效的专利被视为自始不存在，因此专利的稳定性在法律价值度中占有决定性的作用，当稳定性指标分值很低时，会极大地影响专利的法律价值度。稳定性在法律价值度中的权重设为9.83%。

稳定性的评分可参考表3-4。

表3-4　稳定性指标具体分析分值

稳定性	非常稳定	比较稳定	稳定	不太稳定	很不稳定
分值	10	8	6	4	2

3.1.4　维持时间

维持时间是指本授权专利自申请日算起，至检索日的维持时长。

维持时间显示了授权专利的维持年限。有研究显示，一般情况下，专利寿命与该专利所能创造经济效益的时间及其市场价值呈现正相关，即寿命越长，其创造效益的时间就越长，其市场价值也越高。[1]专利寿命即本书中所说的维持时间。其在法律价值度中的权重确定为6.49%。

维持时间的评分可参考表3-5。

表3-5　维持时间的具体分析分值

维持时间/天	>3650	2921~3650	2191~2920	1461~2190	<1460
分值	10	8	6	4	2

本评估指标计算中维持时间以“天”为单位进行计算。

3.1.5　多国申请

多国申请是指本专利是否在除本国之外的其他国家提交申请的情况。多国申请表示专利（申请）权人对本专利的重视程度，申请国家越多说明专利（申请）权人认为本专利越重要，也间接地表明该专利的潜力越大。因此，多国申请状态会影响到专利的法律价值度，显然申请的国家越多则法律价值度越大。其在法律价值度中的权重确定为8.37%。

多国申请的评分可参考表3-6。

表3-6　多国申请的具体分析分值

国家数量	4>	1~3	仅本国申请
分值	9~10	5~8	4

通过检索本专利的同族专利可以判定多国申请的指标。根据申请国家的GDP及国力水平不同，可以酌情打分。

在与法律价值度相关的全部5项三级指标评分完毕之后，根据以下公式就可以计算出法律价值的最终分值。

[1] 中国人民大学知识产权教学与研究中心，中国人民大学知识产权学院.中国知识产权发展报告2015[R].北京：清华大学出版社，2016：17.

法律价值度=专利保护宽度评分×7.06%+代理机构能力评分×2.87%+维持时间评分×6.49%+多国申请评分×8.37%+稳定性评分×9.83%。

3.2　技术价值度

技术价值度是从技术的维度来评价一项专利的价值。除去专利的法律因素，技术因素是决定一项专利价值的重要因素。为了便于分析操作，我们把影响技术价值度的指标细分为6个支撑指标，包括行业发展趋势、发明人数、第一发明人能力、技术覆盖范围、技术关联度和审查时间。每个指标的分值都为0~10分。每个支撑指标在技术价值度中都具有一定的权重。

技术价值度的计算公式为：

技术价值度=行业发展趋势评分×7.10%+发明人数量评分×2.63%+第一发明人能力评分×4.57%+技术覆盖范围评分×8.04%+技术关联度评分×7.60%+审查时间评分×2.41%。

下面将依次说明各个支撑指标的详细分析原则和权重。

3.2.1　行业发展趋势

行业发展趋势是指一项专利技术所在的技术领域目前的发展方向及发展阶段或趋势。通过统计该行业的专利申请或授权数量在时间轴上的分布情况可以大体判断该行业处于哪个发展阶段。具体通过3个四级指标反映这一趋势。①发明专利总数的最高年份距今的远近。与该待评专利属于同一主分类号的申请专利总数最多的年份距目前越近，则分值越高，即2014年申请专利总数最多，得10分；2013年最多，得8分，以此类推。②发明专利数量走势。若2012—2014年申请专利总数模拟函数的导数为正且二次导数为正，则得10分，若导数为正并且二次导数为负，则得6分，若导数为负则得2分。③发明专利数量比例。2014年，该主分类号下发明专利数量占专利总数比例大于75%则为10分，小于75%且大于50%评6分，小于50%且大于25%评4分，小于25%则为2分。3个四级指标的权重在行业发展趋势中各占三分之一。通过这3个指标可以反映待评专利所处的行业的发展趋势。

行业发展趋势仅仅表示该专利所处技术领域的发展状况，与该专利的具体技术内容无关，其权重设为7.10%。

行业发展趋势的评分可参考表3-7。

表3-7　行业发展趋势具体分析分值

发明专利总数最高年份	2014	2013	2012	2011	2010
发明专利数量走势	一次导数为正，二次导数为正		一次导数为正，二次导数为负		一次导数为负，二次导数为负
发明专利数量比例/%	>75		51~75	25~50	<25
汇总得分	10	8	6	4	2

如果仅仅统计国内专利分布情况难以判断该行业处于哪个阶段，可以检索该行业在全球专利的分布情况辅助加以判断，也可以根据需要将行业限定为国际分类的小组加以统计。

3.2.2　发明人数量

发明人数量可以反映完成一项授权专利的发明人的合作程度。如果一项发明专利的发明人数为1人，那么可称为独立发明；如果发明人数为2人及以上，则可以称为合作发明。专利法规定，只有对专利的发明做出创造性贡献的人才可以成为专利发明人，仅仅提供物质设备等资源的人不可以作为专利发明人。从发明人角度来说，发明人数量越多，对该专利可能的创造性贡献越大。[1]因此，一般认为一项发明专利的发明人数越多，则

[1] 范月蕾，等.核心专利指标效力研究评述[J].图书情报工作，2014(24)：121-125.

对其做出创造性贡献的来源越多，相应地，其技术构成来源更为复杂多样，技术价值更高。某高等院校作为科研院校中专利持有的佼佼者，发明创造一般由课题组完成，因此发明专利一般多为合作发明。发明人数量在技术价值度中的权重确定为2.63%。其具体评分可以参照表3-8。

表3-8　发明人数量的具体分析分值

发明人数/人	>15	10~14	5~9	<5
分值	10	8	4	2

3.2.3　第一发明人能力

第一发明人能力是指一项发明专利的排名第一的发明人在该技术领域下进行发明创造的水平。在技术进化的过程中，发明人充当着“基因工程师”的角色，发明人的选择实现了可表达的新技术基因的形成，影响着技术进化的进程。[1]在与待评专利相同的主分类号下，对第一发明人发明专利的数量进行排名，作为第一发明人，发明的专利数量越多，排名越靠前。在进行排名时只取前三位且发明数量大于等于3件。如果一项发明专利是由排名靠前的发明人担任第一发明人进行发明的，则说明该项发明专利的技术水平具有一定的保障。因此在此基础上，该项发明专利的技术价值更高。第一发明人能力在技术价值度中的权重确定为4.57%。其具体评分可参照表3-9。

表3-9　第一发明人能力的具体分析分值

排名	排名第一	排名第二	排名第三
分值	10	6	4

若一项发明专利的第一发明人中均不是由排名前三的发明人担任，则其评分为0分。

[1] 杨中楷，等. 论发明人的“个体选择”[J]. 科学学研究，2014(8)：1144-1148.

3.2.4 技术覆盖范围

技术覆盖范围是指一项专利技术可以应用的技术领域广泛程度。如果一项专利技术是基础型、开创型、原理型的，则其应用范围通常比较广泛，甚至可以在多个行业或技术领域中得到应用。如果一项专利技术仅仅在某个领域中解决某个具体而特殊的问题，则该技术的应用范围较窄。可以通过专利说明书的背景技术对技术问题的描述以及专利所属的国际专利分类号的数量判定一项专利的技术覆盖范围。技术覆盖范围的权重确定为8.04%。技术覆盖范围的评分可参考表3-10。

表3-10 技术覆盖范围具体分析分值

所属分类号数量/类	>7	6~7	4~5	2~3	1
分值	10	8	6	4	2

检索专利技术覆盖范围时将主分类号和副分类号全部计算在内。

3.2.5 技术关联度

技术关联度是指一项专利是否拥有引证专利或被引证专利以及各自数量。就某高等院校相关技术领域中经过授权的发明专利而言，如果一项专利有引证专利或者成为其他专利的引证专利，则表明该项专利的价值相对于没有引证专利或者没有被其他专利所引证的专利更高。其原因在于专利的引证数或被引证专利数越多，说明该项发明专利一方面借鉴其他专利技术的程度越高，另一方面其技术被更多的其他专利引用，则技术水平越高。

技术关联度的取值来自公式：取值=引证专利数×1+被引证专利数×2。

该指标在技术价值度中的权重设为7.6%。技术关联度的评分可参考表3-11。

表3-11　技术关联度具体分析分值

引证专利数/项	>5	1~4	0
分值	10	6	2

由于某高等院校拥有的发明专利中，具有引证专利或被引证专利的数量有限，因此根据实际情况，这一指标对二者的数量评价不进行区分，即待评专利的引证专利数和被引证专利数中，有任意一项符合评分标准，即采纳。

3.2.6　审查时间

发明专利审查时间是从专利申请人提出实质审查申请之后，至授权日的时间。审查时间在我国没有严格的时限规定，但其启动以专利申请人的实质审查申请为准。一般认为，在排除其他影响因素的条件下，如果一项发明专利的技术构成较为复杂，进行实质审查的专利审查员则需要耗费更长的时间。因此，审查时间越长，发明专利的技术水平越高，则技术价值度越高。审查时间在技术价值度中的权重确定为2.41%。

审查时间的具体评分参考表3-12。

表3-12　审查时间具体分析分值

审查时间/天	>1600	981~1600	701~980	500~700	<500
分值	10	8	6	4	2

为方便统计，审查时间的统计单位与维持时间相同，设为天。

在与技术价值度相关的全部6项三级指标评分完毕之后，根据以下公式可以得出技术价值度的最终分值。

技术价值度=行业发展趋势评分×7.10%+发明人数量评分×2.63%+第一发明人能力评分×4.57%+技术覆盖范围评分×8.04%+技术关联度评分×7.60%+审查时间评分×2.41%。

3.3 经济价值度

专利技术只有同市场相结合，进行转化和运用，才能在无形资产的运营过程中成为正资产，产生促进经济社会发展的正能量。[1]经济价值度是从市场经济效益的角度来评价一项专利的价值。专利的价值最终会体现在产品和生产产品的工艺方法上，而产品和工艺方法的价值受到市场状况、竞争对手、政策导向等因素的影响。因此需要考虑影响专利产品或工艺经济价值的各种因素来分析专利的经济价值度。

经过归纳和筛选，我们把影响经济价值度的指标确定为如下5种：专利许可状态、同类专利数量、同族专利数、剩余经济寿命、专利权利转移。其中剩余经济寿命因其与未来专利维持状况有关，具有较大的不确定性。专利许可状态与专利权利转移涉及发明专利的利用或运营方式。同类专利数量和同族专利数量与待评专利所属的技术领域及发展阶段有关。每个指标的分值都为0~10分。每个经济价值度支撑指标在经济价值度中都具有一定的权重。

上述5个指标在经济价值度中所占的权重如表3-13所示。

表3-13　经济价值度支撑指标所占权重

指标	专利许可状态	同类专利数量	同族专利数	剩余经济寿命	专利权利转移
权重/%	9.25	4.73	4.89	5.48	8.67

经济价值度的计算公式为：

经济价值度=专利许可状态评分×9.25%+同类专利数量评分×4.73%+同族专利数评分×4.89%+剩余经济寿命评分×5.48%+专利权利转移评分×8.67%。

下面将依次说明各个经济价值度支撑指标的详细分析原则和权重。

[1]吴汉东.专利技术转化与无形资产运营[J].专利代理,2016(2):13-16.

3.3.1　专利许可状态

专利许可状态是指本专利权人是否将本专利许可他人使用的状态。专利许可状态表示本专利许可他人实施情况，发生许可的专利通常是比较重要的专利，这会影响到专利的经济价值度。其在经济价值度中的权重确定为9.25%。

专利许可状态的评分可参考表3-14。

表3-14　专利许可状态的具体分析分值

许可状态	有许可	无许可
分值	10	0

3.3.2　同类专利数量

同类专利数量是指与该项专利属于同类国际专利分类号的有效发明专利总数。如果一项专利的同类专利数量较多，则表明同一技术领域中有较多发明专利，即待评专利有较多存在竞争状况的专利，那么待评专利的竞争力较弱，经济价值度较低；反之，如果一项专利拥有较少数量的同类专利，表明该项专利在同一技术领域中的竞争专利较少，则经济价值较高。同类专利数量在经济价值度中的权重设为4.73%。

同类专利数量的评分可参考表3-15。

表3-15　同类专利数量具体分析分值

同类专利数量/件	<1000	1000~3000	3001~6000	6001~9000	>9000
分值	10	8	6	4	2

同类专利数量可以通过专利检索引擎搜索得知。

3.3.3　同族专利数

同族专利是指基于同一优先权文件，在不同国家或地区，以及地区间专利组织多次申请、多次公布获批准的内容相同或基本相同的一组专利。同族专利数的多少显示了授权专利在多少个国家或地区申请了相同或类似的专利。如果一件发明专利同时在欧美或日本等国家拥有同族专利，说明其拥有较强的国际市场竞争力，则经济价值更高。同族专利数在经济价值度中的权重确定为4.89%。

其评分可以参考表3-16。

表3-16 同族专利数具体分值分析

同族专利数/件	≥3	2	<2
分值	10	6	2

3.3.4 剩余经济寿命

剩余经济寿命是指授权专利法定保护期与维持时间之差，即专利尚可继续维持的时限。探讨剩余经济寿命对于一项专利而言具有一定意义。如果一项发明专利的剩余经济寿命较长，说明其能够为专利权人继续创造经济效益的潜力期更长，则经济价值更高。剩余经济寿命在经济价值度中的权重设确定为5.48%。

这一指标的具体评分参照表3-17。

表3-17 剩余经济寿命具体分值分析

剩余经济寿命/天	>5840	5111~5840	4381~5110	3650~4380	<3650
分值	10	8	6	4	2

3.3.5 专利权利转移

专利权利转移是指发明专利的权利人通过赠予、转让、出售等方式将专利权转移给其他权利主体的过程。发明专利是否经过权利转移是评价专利经济价值度的重要指标。通过权利转移，一方面专利权人获取相应的经济利益，另一方面权利的接收方实现特定目的。通过转移与流动，促进了专利社会效益的发挥。专利权利转移在经济价值度中的权重确定为8.67%。

其具体评分参考表3-18。

表3-18　专利权利转移具体分值分析

专利权利转移情况	经历转移	未经历转移
分值	10	2

在与经济价值度相关的全部5项三级指标评分完毕之后，根据以下公式可以得出经济价值度的最终分值。

经济价值度=专利许可状态评分×9.25%+同类专利数量评分×4.73%+同族专利数评分×4.89%+剩余经济寿命评分×5.48%+专利权利转移评分×8.67%。

4 高等院校农业（A部）技术领域专利价值计算方法

4.1 农业（A部）技术领域专利价值评估指标权重确定方法

对于农业技术领域专利价值评估指标权重，课题组请五位该技术领域专家和三位专利管理专家对所有二级指标和三级指标进行评价，根据评价结果计算指标权重。具体方法是，先分别计算技术专家和专利管理专家的评分结果，然后汇总整理，其中技术专家分值权重占60%，专利管理专家分值占40%。具体打分如表4-1和表4-2所示。

表4-1 二级指标专家评定权重打分表

二级指标名称	技术专家对二级指标的权重打分					专利管理专家对二级指标的权重打分			二级指标最终权重
技术价值度									
经济价值度									
法律价值度									

表4-2 三级指标专家评定权重打分表

三级指标名称	技术专家对三级指标的权重打分					专利管理专家对三级指标的权重打分			三级指标权重
发明人数量									
第一发明人能力									
技术覆盖范围									
技术关联度									
行业发展趋势									

续表

三级指标名称	技术专家对三级指标的权重打分					专利管理专家对三级指标的权重打分			三级指标权重
审查时间									
专利许可状态									
专利权利转移									
同类专利数量									
剩余经济寿命									
同族专利数									
专利保护宽度									
代理机构能力									
维持时间									
多国申请									
稳定性									

4.2　农业（A部）技术领域专利价值评估指标及其权重

某高等院校拥有的农业（A部）技术领域专利价值评估指标及其权重如表4-3所示。

表4-3　某高等院校拥有的农业（A部）技术领域专利价值评估指标及其权重

一级指标名称	二级指标名称	二级指标权重	三级指标名称	三级指标权重
专利价值度（100分）	技术价值度	32.340	发明人数量	2.6278
			第一发明人能力	4.5682
			技术覆盖范围	8.0398
			技术关联度	7.6023
			行业发展趋势	7.0966
			审查时间	2.4063

续表

一级指标名称	二级指标名称	二级指标权重	三级指标名称	三级指标权重
专利价值度（100分）	经济价值度	33.0285	专利许可状态	9.2514
			专利权利转移	8.6705
			同类专利数量	4.7301
			剩余经济寿命	5.4830
			同族专利数	4.8935
	法律价值度	34.6307	专利保护宽度	7.0611
			代理机构能力	2.8693
			维持时间	6.4943
			多国申请	8.3730
			稳定性	9.8330

说明：二级指标权重总和为100%；每个二级指标的三级指标权重总和为100%。

4.3 农业（A部）技术领域专利价值评估指标赋值简单方法

4.3.1 技术价值度

（1）发明人数量：每件发明专利的发明人数。（15个以上打10分；10~14个打7分；5~9个打4分；5个以下打0分）

（2）第一发明人能力：待评专利主分类号（如A01）下，第一发明人发明专利数量排名（作为第一发明人，发明的专利数量越多，排名越靠前，取前三位且发明数量大于等于3）。（排名第一的打10分；排名第二的打6分；排名第三的打4分；无排名的打0分）

（3）技术覆盖范围（分类号数量）：待评专利所属的国际专利分类号的数量，该数量越大，覆盖范围越广。（12个以上打10分；8~11个打7分；4~7个打4分；4个以下打0分）

（4）技术关联度（引证专利数、被引证专利数）：引用数×1+被引用数×2，满分10分。

（5）行业发展趋势：分析待评专利所属行业及其主分类号，分为3个三级指标。

（6）审查时间：从申请日到授权日时间，单位为天。（1600天以上打10分；981~1600天打6分；701~980天打4分；501~700天打2分；500天以下打0分）

4.3.2 经济价值度

（1）专利许可状态：是否有许可，10分为满分，有许可为10分，无许可为0分。

（2）专利权利转移：是否有转移，10分为满分，有转移为10分，无转移为0分。

（3）同类专利：与待评专利属于同一大组专利分类号的专利总数。某高等院校拥有的农业（A部）技术领域同类专利数量打分见表4-4。

表4-4 某高等院校拥有的农业（A部）技术领域同类专利数量打分表

专利总数/件	评分
3~51	1
52~20051	2
20052~40051	3
40052~60051	4
60052~80051	5
80052~100051	6
100052~120051	7
120052~140051	8
140052~160051	9
160052~180051	10

（4）剩余经济寿命：待评专利的预期剩余保护时间。某高等院校拥有

的农业（A部）技术领域专利剩余经济寿命打分见表4–5。

表4–5　某高等院校拥有的农业（A）技术领域专利剩余经济寿命打分表

剩余经济寿命/天	评分
1836	1
1837~2836	2
2837~3836	4
3837~4836	6
4837~5836	8
5837~6915	10

注：某高等院校待评专利剩余经济寿命最长的为6915天，最短的为1836天。

（5）同族专利数：表明国际市场竞争力，同族专利数量越大，专利经济价值越高。某高等院校拥有的农业（A部）技术领域同族专利数量打分见表4–6。

表4–6　某高等院校拥有的农业（A部）技术领域同族专利数量打分表

同族专利数/件	评分
1	1
2	2
3	3
4	4
5	5
6	6
7	7
8	8
9	9
10	10

4.3.3　法律价值度

（1）专利保护宽度。权利要求数大于等于10个打10分，其他按照专利权利要求数量赋予分值。

（2）专利代理机构能力。某代理机构代理的某高等院校专利的数量越多，则排名越靠前，取前X位且代理数量大于等于5。（代理机构分数为11分减排名，无排名2分，无代理0分）

（3）维持时间。授权日至检索日期的时间，单位为天。（大于3660天打10分，其他按专利维持年限赋分）

（4）多国申请。待评专利的同族专利所属国家的数量。（5国以上，打10分；4国打8分；3国打6分；2国打4分；1国打0分）

（5）稳定性。待评专利是否经历专利诉讼或复审程序。（无则打10分；有则打0分）

4.4　农业（A部）技术领域专利价值计算方法

其计算方法为：

农业（A部）技术领域专利价值=技术价值度×32.341+经济价值度×33.0285+法律价值度×34.6307，或者：

农业（A）技术领域专利价值=

发明人数量分值×2.6278+第一发明人能力分值×4.5682
+技术覆盖范围分值×8.0398+技术关联度分值×7.6023
+行业发展趋势分值×7.0966+审查时间分值×2.4063
+专利许可状态分值×9.2514+专利权利转移分值×8.6705
+同类专利数量分值×4.7301+剩余经济寿命分值×5.4830
+同族专利数分值×4.8935+专利保护宽度分值×7.0611
+代理机构能力分值×2.8693+维持时间分值×6.4943
+多国申请分值×8.3730+稳定性分值×9.8330。

5 高等院校作业运输（B部）技术领域专利价值计算方法

5.1 作业运输（B部）技术领域专利价值评估指标权重确定方法

方法与4.1相同。

5.2 作业运输（B部）技术领域专利价值评估指标及其权重

某高等院校作业运输（B部）技术领域专利价值评估指标及其权重如表5–1所示。

表5–1 某高等院校作业运输（B部）技术领域专利价值评估指标及其权重

一级指标名称	二级指标名称	二级指标权重	三级指标名称	三级指标权重
专利价值度（100分）	技术价值度	36.7471	发明人数量	2.5274
			第一发明人能力	5.0654
			技术覆盖范围	8.2395
			技术关联度	7.6526
			行业发展趋势	7.2534
			审查时间	6.0088
	经济价值度	29.2286	专利许可状态	8.4523
			专利权利转移	8.3608
			同类专利数量	4.6830
			剩余经济寿命	4.7633
			同族专利数	2.9692

续表

一级指标名称	二级指标名称	二级指标权重	三级指标名称	三级指标权重
专利价值度（100分）	法律价值度	34.0243	专利保护宽度	7.5078
			代理机构能力	2.0632
			维持时间	7.0962
			多国申请	8.1865
			稳定性	9.1706

说明：二级指标权重总和为100%；每个二级指标的三级指标权重总和为100%。

5.3 作业运输（B部）技术领域专利价值评估指标赋值简单方法

方法与4.3相同。

5.4 作业运输（B部）技术领域专利价值计算方法

其计算方法为：

作业运输（B部）技术领域专利价值=技术价值度×36.7471+经济价值度×29.2286+法律价值度×34.0243，或者：

作业运输（B部）技术领域专利价值=

发明人数量分值×2.5274+第一发明人能力分值×5.0654
+技术覆盖范围分值×8.2395+技术关联度分值×7.6526
+行业发展趋势分值×7.2534+审查时间分值×6.0088
+专利许可状态分值×8.4523+专利权利转移分值×8.3608
+同类专利数量分值×4.6830+剩余经济寿命分值×4.7633
+同族专利数分值×2.9692+专利保护宽度分值×7.5078
+代理机构能力分值×2.0632+维持时间分值×7.0962
+多国申请分值×8.1865+稳定性分值×9.1706。

6 高等院校固定建筑物（E部）技术领域专利价值计算方法

6.1 固定建筑物（E部）技术领域专利价值评估指标权重确定方法

方法与4.1相同。

6.2 固定建筑物（E部）技术领域专利价值评估指标及其权重

某高等院校固定建筑物（E部）技术领域专利价值评估指标及其权重如表6-1所示。

表6-1 某高等院校固定建筑物（E部）技术领域专利价值评估指标及其权重

一级指标名称	二级指标名称	二级指标权重	三级指标名称	三级指标权重
专利价值度（100分）	技术价值度	28.6836	发明人数量	2.4356
			第一发明人能力	3.5567
			技术覆盖范围	7.8791
			技术关联度	6.1036
			行业发展趋势	6.2943
			审查时间	2.3143
	经济价值度	36.4698	专利许可状态	8.4528
			专利权利转移	9.2860
			同类专利数量	4.7902
			剩余经济寿命	5.9835
			同族专利数	7.9573

续表

一级指标名称	二级指标名称	二级指标权重	三级指标名称	三级指标权重
专利价值度（100分）	法律价值度	34.8466	专利保护宽度	6.2665
			代理机构能力	1.8654
			维持时间	7.6846
			多国申请	8.0732
			稳定性	10.9569

说明：二级指标权重总和为100%；每个二级指标的三级指标权重总和为100%。

6.3　固定建筑物（E部）技术领域专利价值评估指标赋值简单方法

方法与4.3相同。

6.4　固定建筑物（E部）技术领域专利价值计算方法

其计算方法为：

固定建筑物（E部）技术领域专利价值=技术价值度×28.6836+经济价值度×36.4698+法律价值度×34.8466，或者：

固定建筑物（E部）技术领域专利价值=

发明人数量分值×2.4356+第一发明人能力分值×3.5567

+技术覆盖范围分值×7.8791+技术关联度分值×6.1036

+行业发展趋势分值×6.2943+审查时间分值×2.3143

+专利许可状态分值×8.4528+专利权利转移分值×9.2860

+同类专利数量分值×4.7902+剩余经济寿命分值×5.9835

+同族专利数分值×7.9573+专利保护宽度分值×6.2665

+代理机构能力分值×1.8654+维持时间分值×7.6846

+多国申请分值×8.0732+稳定性分值×10.9569。

7 高等院校机械工程（F部）技术领域专利价值计算方法

7.1 机械工程（F部）技术领域专利价值评估指标权重确定方法

方法与4.1相同。

7.2 机械工程（F部）技术领域专利价值评估指标及其权重

某高等院校机械工程（F部）技术领域专利价值评估指标及其权重如表7-1所示。

表7-1 某高等院校机械工程（F部）技术领域专利价值评估指标及其权重

一级指标名称	二级指标名称	二级指标权重	三级指标名称	三级指标权重
专利价值度（100分）	技术价值度	36.8621	发明人数量	2.0249
			第一发明人能力	6.5012
			技术覆盖范围	8.5237
			技术关联度	8.5023
			行业发展趋势	8.1368
			审查时间	2.9732
	经济价值度	34.4670	专利许可状态	8.6516
			专利权利转移	9.3607
			同类专利数量	4.9364
			剩余经济寿命	5.4690
			同族专利数	5.0493

续表

一级指标名称	二级指标名称	二级指标权重	三级指标名称	三级指标权重
专利价值度（100分）	法律价值度	28.6709	专利保护宽度	7.8601
			代理机构能力	2.5976
			维持时间	6.0386
			多国申请	7.6773
			稳定性	6.4973

说明：二级指标权重总和为100%；每个二级指标的三级指标权重总和为100%。

7.3 机械工程（F部）技术领域专利价值评估指标赋值简单方法

方法与4.3相同。

7.4 机械工程（F部）技术领域专利价值计算方法

其计算方法为：

机械工程（F部）技术领域专利价值=技术价值度×36.8621+经济价值度×34.4670+法律价值度×28.6709，或者：

机械工程（F部）技术领域专利价值=

发明人数量分值×2.0249+第一发明人能力分值×6.5012
+技术覆盖范围分值×8.5237+技术关联度分值×8.5023
+行业发展趋势分值×8.1368+审查时间分值×2.9732
+专利许可状态分值×8.6516+专利权利转移分值×9.3607
+同类专利数量分值×4.9364+剩余经济寿命分值×5.4690
+同族专利数分值×5.0493+专利保护宽度分值×7.8601
+代理机构能力分值×2.5976+维持时间分值×6.0386
+多国申请分值×7.6773+稳定性分值×6.4973。

8 高等院校物理（G部）技术领域专利价值计算方法

8.1 物理（G部）技术领域专利价值评估指标权重确定方法

方法与4.1相同。

8.2 物理（G部）技术领域专利价值评估指标及其权重

某高等院校物理（G部）技术领域专利价值评估指标及其权重如表8-1所示。

表8-1 某高等院校物理（G部）技术领域专利价值评估指标及其权重

一级指标名称	二级指标名称	二级指标权重	三级指标名称	三级指标权重
专利价值度（100分）	技术价值度	30.6509	发明人数量	2.1573
			第一发明人能力	5.1908
			技术覆盖范围	7.4781
			技术关联度	6.9708
			行业发展趋势	5.0891
			审查时间	3.7608
	经济价值度	35.3906	专利许可状态	8.3580
			专利权利转移	9.0763
			同类专利数量	6.1398
			剩余经济寿命	7.4761
			同族专利数	4.3404

续表

一级指标名称	二级指标名称	二级指标权重	三级指标名称	三级指标权重
专利价值度（100分）	法律价值度	33.9585	专利保护宽度	6.1268
			代理机构能力	2.4369
			维持时间	8.5943
			多国申请	6.3908
			稳定性	10.4097

说明：二级指标权重总和为100%；每个二级指标的三级指标权重总和为100%。

8.3　物理（G部）技术领域专利价值评估指标赋值简单方法

方法与4.3相同。

8.4　物理（G部）技术领域专利价值计算方法

其计算方法为：

物理（G部）技术领域专利价值=技术价值度×30.6509+经济价值度×35.3906+法律价值度×33.9585，或者：

物理（G部）技术领域专利价值=

发明人数量分值×2.1573+第一发明人能力分值×5.1908
+技术覆盖范围分值×7.4781+技术关联度分值×6.9708
+行业发展趋势分值×5.0891+审查时间分值×3.7608
+专利许可状态分值×8.3580+专利权利转移分值×9.0763
+同类专利数量分值×6.1398+剩余经济寿命分值×7.4761
+同族专利数分值×4.3404+专利保护宽度分值×6.1268
+代理机构能力分值×2.4369+维持时间分值×8.5943
+多国申请分值×6.3908+稳定性分值×10.4097。

9 专利数据检索方法

本书所选数据样本为某高等院校的有效发明专利。截至检索日期，某高等院校被授权的发明专利共1286件，授权专利涵盖了人类生活必需（A部），作业运输（B部），固定建筑物（E部），机械工程、照明、加热、武器、爆破（F部），物理（G部）五个技术领域，其中人类生活必需部选取A01大类中全部有效发明专利为分析样本。

数据检索方式为通过SOOPAT专利数据检索引擎，设定专利权人为某高等院校，专利类别为发明专利，选取目前仍然有效的全部发明专利，对每件发明专利的各类发明专利信息进行采集整理，建立数据库。

第三部分

某高等院校不同技术领域专利价值影响因素分析及价值评估

10 发明专利价值的影响因素分析

10.1 不同技术领域完成每件发明专利的发明人数分布

任何一项发明创造都与人的智慧有重要的关系，发明人对科技进步有着重要意义。在建设创新型国家的所有力量中，发明人具有不可替代的重要地位。Burke & Reitzig实证发现发明人数量和专利技术质量高度正相关。[1]一般来说，一项发明专利的发明人数越多，专利研发团队可贡献的智力、体力就越多，凝结在专利中的研发成本就越高，那么该项专利的技术质量就会越高。不同技术领域的发明专利的发明人数各有不同。为了掌握发明人对专利技术价值的影响程度，本部分将从发明人数对某高等院校在不同技术领域专利价值的影响进行分析。

为了比较分析不同技术领域授权专利的发明人数差别，以下示意图分别分析不同技术领域不同发明人数时，也对该领域专利数量所占专利数量总数百分比进行简要分析。如图10-1所示，截至数据检索时间，某高等院校被授权的发明专利共1286件，授权专利涵盖了人类生活必需（A部），作业运输（B部），固定建筑物（E部），机械工程、照明、加热、武器、爆破（F部），物理（G部）5个技术领域。就某高等院校授权专利总数来看，发明人数为1的专利共93件，占授权专利总数的7%；发明人数为2时，被授权专利数量是256件，所占百分比高达20%；发明人数是3人及以上时，专利所占百分比最大（73%）。可见，就某高等院校授权专利总量来说，发明人数与专利授权量呈正相关的关系，随着发明人数的增加，专利授权量逐步递增。

[1] BURKE P F, REITIG M. Measuring patent assessment quality: Analyzing the degree and kind of (in) consistency in patent office′s decision making[J]. Research policy, 2007, 36(9):1404–1430.

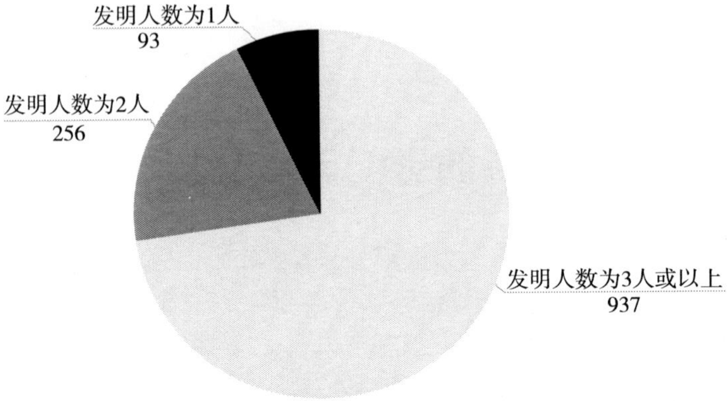

图10-1 某高等院校完成每件发明专利的发明人数分布

10.1.1 农业、林业和畜牧业等（A01）技术领域完成每件发明专利的发明人数分布

人类生活必需（A部）主要涉及人类生活必需技术领域，其中A01大类主要是指生活必需技术领域涵盖的农业、林业、畜牧业、狩猎、诱捕、捕鱼等技术领域。某高等院校在农业、林业、畜牧业、狩猎、诱捕、捕鱼等技术领域申请授权的发明专利共54件，占授权专利总数的4%。在农业、林业、畜牧业、狩猎、诱捕、捕鱼等技术领域，发明人数为2人时，某高等院校被授权的发明专利共36件，占授权总量的67%；发明人数是3人或3人以上时被授权的专利数量为18件，占授权总量的33%；发明人数为其他数量时，专利授权数量非常少。为了凸显某高等院校在不同技术领域被授权的发明专利的发明人数的差别，给出以下示意图（图10-2）以便更好地分析。

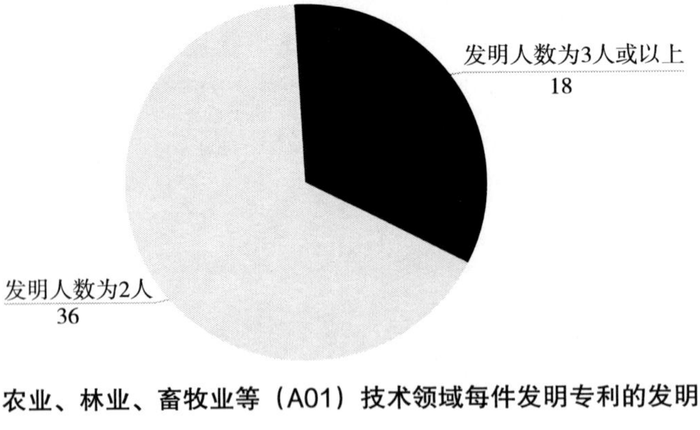

图10-2 农业、林业、畜牧业等（A01）技术领域每件发明专利的发明人数分布

10.1.2　作业运输类（B部）技术领域完成每件专利发明的发明人数分布

作业运输（B部）专利主是指作业、运输技术领域，某高等院校在B技术领域申请授权的发明专利共471件，占授权专利总数的36.63%。在B技术领域，某高等院校被授权的发明专利的发明人数差别显著，其中发明人数为1时，共有专利34件，占被授权专利的7%。发明人数为2人时，共77件专利，占授权专利总量的16%；发明人数是3人或3人以上时被授权的专利数量非常多，共计360件，占总数的77%。由以上分析可知在B技术领域内随着发明人数的增多，被授权的专利数量也呈增多的趋势；也就是说B技术领域发明人数与专利授权量呈正比关系，具体如图10-3所示。

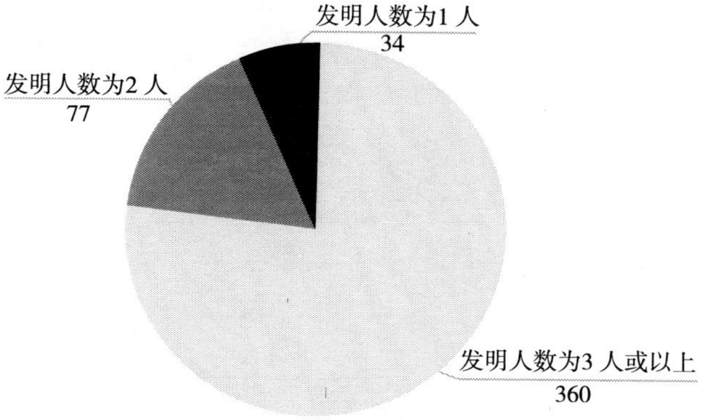

图10-3　作业运输（B部）技术领域完成每件发明专利的发明人数分布

10.1.3　固定建筑物（E部）技术领域完成每件发明专利的发明人数分布

某高等院校固定建筑物（E部）技术领域被授权的专利涵盖了E01（道路、铁路或桥梁的建筑）、E02（水利工程、基础、疏浚）、E03（给水、排水）、E04（建筑物）、E06（一般门、窗、百叶窗或卷辊遮帘、梯子）、E21（土层或岩石的钻进、采矿）这6个大组。某高等院校在固定建筑物技术领域申请授权的发明专利共65件，占授权专利总数的5.05%。在固定建筑物（E部）技术领域，发明人数为1人时，仅有15件专利，占专利授权总数的23%；发明人数为2人时，被授权的专利有13件，占总数的20%；发明人数是3人或3人以上时被授权的专利有37件，占授权总量的57%。如图10-4所示。总体上看，发明人数与专利授权量所占百分比呈正相关的关系。但发明人数是2人时，专利授权数量占百分比相对较少，与发明人数为1时的百分比的差值为3%。

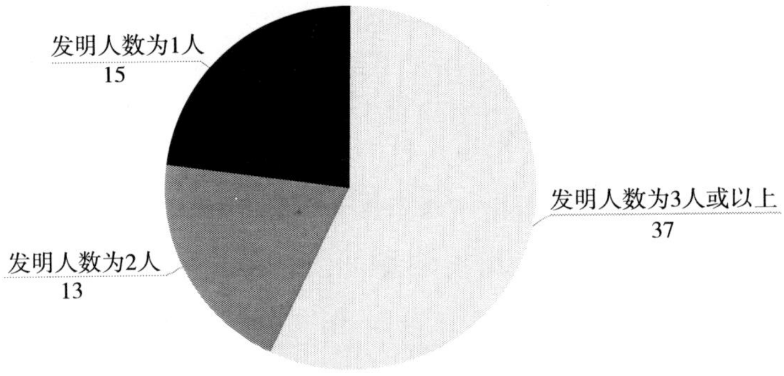

图10-4　固定建筑物（E部）技术领域每件发明专利的发明人数分布

10.1.4　机械工程、照明、加热、武器、爆破（F部）技术领域每件发明专利的发明人数分布

某高等院校在机械工程、照明、加热、武器、爆破（F部）技术领域获得授权的发明专利共172件，占授权专利总数的13.37%。在机械工程、照明、加热、武器、爆破技术领域，某高等院校被授权的发明专利的发明人数数值变化差异显著。发明人数为1的专利数量有8件，占总数的5%；当发明人数为2人时，有36件发明专利，占授权总量的21%；发明人数是3人或3人以上时被授权的专利最多，共128件，占授权总量的74%。如图10-5所示。由以上分析可知，在机械工程、照明、加热、武器、爆破（F部）技术领域，某高等院校被授权的发明专利的发明人数为1的专利数量极少，专利的发明人数绝大部分集中在3人及以上，说明在该技术领域专利的发明人更注重团队创新。

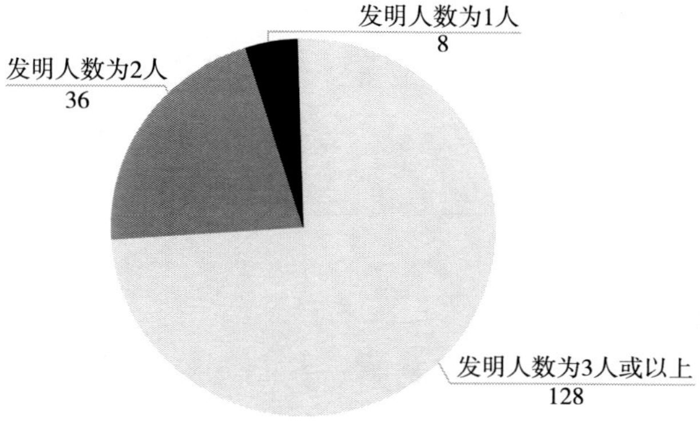

图10-5　机械工程、照明、加热、武器、爆破（F部）技术领域每件发明专利的发明人数分布

10.1.5　物理（G部）技术领域完成每件发明专利的发明人数分布

某高等院校在物理（G部）技术领域被授权的专利涵盖G01、G02、G05、G06、G07、G08、G09、G10、G11、G12以上十大组。某高等院校在物理（G部）技术领域获得授权的发明专利共524件，占授权专利总数的40.75%。在物理（G部）技术领域，发明人数为1人时，某高等院校被授权的发明专利有36件，占授权总量7%；发明人数是2人时，共有94件专利获得授权，占总数18%；发明人数是3人或者以上时，被授权专利的数量最多，共394件，占总数75%，详情如图10-6所示。发明人数不同时，相对应的专利数量所占的百分比的差值差距异常显著，发明人为3人及以上时，专利授权量最多。

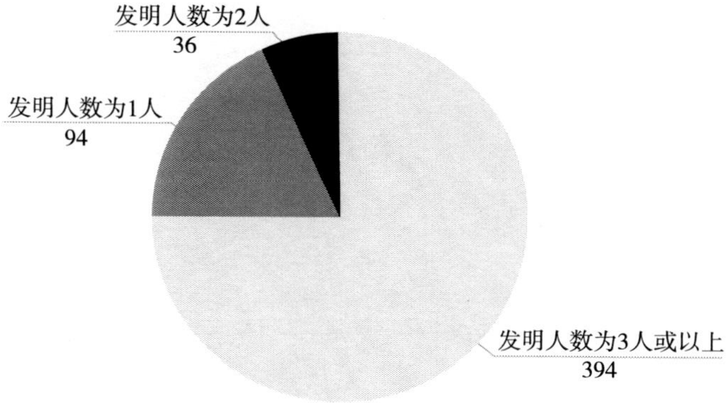

图10-6　物理（G部）技术领域每件发明专利的发明人数分布

综上可知，某高等院校除了在A技术领域被授权的发明专利发明人数在3人及以上的专利数量所占百分比较少外，在B、E、F、G这四个技术领域发明人数在3人及以上的专利数量所占百分比都比较多，都在70%以上。

10.2 不同技术领域发明专利第一发明人分布

第一发明人是指在专利主分类号下，完成发明专利的排名第一的发明人。作为第一发明人，发明的专利数量越多，排名越靠前，取前三位且发明数量大于等于3。为了比较分析不同技术领域第一发明人分布情况，仅从包含某一发明人的专利数量来进行分析，对于发明数量相差不多的发明人来说，不能仅凭发明专利的数量来判断其技术发明能力，有些专利是多个发明人共同发明出来的。以下部分从宏观角度对各个技术领域发明人的分布情况进行分析。

10.2.1 人类生活必需（A部）技术领域完成发明专利的第一发明人分布

在人类生活必需（A部）技术领域，完成发明专利数量最多的第一发明人是蔡俊鹏，其共获得了28件专利，占专利总数的51.85%；排在第二的是何道航，共发明专利数量为12件，占专利总数的22.22%；肖惠宁位居第三，一共发明了2件专利，占总数的3.70%。如图10-7所示，其他发明人所发明的专利数量极其少，大部分发明人仅发明1件专利，不再进行详细分析。由上述分析至少可知，在人类生活必需技术领域，就第一发明人完成发明专利数量而言，不同发明人之间存在差距。

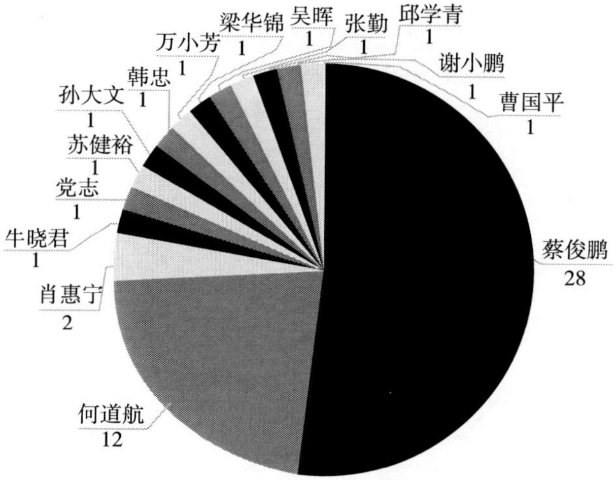

图10-7　人类生活必需（A部）技术领域完成发明专利的第一发明人分布

10.2.2　作业运输（B部）技术领域完成发明专利的第一发明人分布

在作业运输（B部）技术领域，被授权的专利达471件。第一发明人翟金平发明的专利数量最多，共21件，占专利总数的4.46%；排在第二的是黄汉雄，共14件专利，占专利总数的2.97%；刘定平位居第三，发明11件专利，占总数的2.34%。其他发明人所发明的专利数量都在10件以下，大部分发明人仅发明1件专利，不再进行详细分析，如表10-1所示。由上述分析可知，在作业运输（B部）技术领域就第一发明人发明完成的专利数量差值而言，不同发明人发明的专利数量存在差别。

表10-1　作业运输（B部）技术领域完成发明专利的第一发明人分布

第一发明人	发明专利数量	第一发明人	发明专利数量	第一发明人	发明专利数量
翟金平	21	邵明	4	曾令可	2
黄汉雄	14	夏启斌	3	吴平霄	2
刘定平	11	廖世军	3	郑必胜	2
李忠	9	吴家鸣	3	陈忠	2
谢胜利	9	张会平	3	张卫文	2
汤勇	8	张铁	3	卫国强	2

续表

第一发明人	发明专利数量	第一发明人	发明专利数量	第一发明人	发明专利数量
张勤	6	涂伟萍	3	毕舒	2
杨永强	6	吴上生	3	黄惠华	2
李雪辉	6	唐伟强	3	梁华锦	2
党志	6	陈吉清	3	胡勇有	2
王海辉	6	孙超凡	3	于非	2
黄少斌	5	谢国基	3	丘泰球	2
李元元	5	叶代启	3	张永君	2
符小艺	5	康志新	3	彭响方	2
钟汉如	5	邱学青	3	朱权利	2
王振民	5	胡健	3	崔跃飞	2
牛晓君	5	彭继华	3	李小强	2
张立志	5	樊栓狮	3	王迪	2
肖志瑜	5	朱敏	3	邱志成	2
张新平	5	陈维平	3	殷小春	2
肖凯军	5	罗玉涛	3	解东来	2
唐岳泉	5	张宪民	3	罗建东	2
曾敏	4	刘其洪	3	黄肖容	2
刘亚俊	4	张平	2	刘江文	2
谢晋	4	游东东	2	安小宁	2
石永华	4	邱万奇	2	邹华生	2
方玉堂	4	陆少鸣	2	陈校园	1
全燕鸣	4	陈奇峰	2	邹候文	1
夏琴香	4	曾建皇	2	李亚军	1
徐文东	4	汪双凤	2	王燕民	1

续表

第一发明人	发明专利数量	第一发明人	发明专利数量	第一发明人	发明专利数量
宗敏华	1	曾新安	1	万金泉	1
王燕鸿	1	张海	1	陈亮	1
曹彪	1	徐廷国	1	张宏伟	1
王学重	1	张超平	1	董重里	1
姜宏伟	1	李勇	1	于淑娟	1
王修坤	1	袁文辉	1	吴凡	1
张文	1	谢龙汉	1	周亢	1
王新祥	1	谭奇峰	1	巫江虹	1
杜启亮	1	朱思明	1	曲杰	1
王新婷	1	袁鹏	1	魏小兰	1
陈海波	1	黄运贤	1	周驰	1
王小英	1	隋贤栋	1	常杰	1
谢小鹏	1	黄茜	1	屈盛官	1
王红娟	1	苏达根	1	韦岗	1
李琳	1	夏伟	1	尹寿伟	1
周照耀	1	宋小飞	1	王迎军	1
黄向东	1	朱能武	1	钟伟斌	1
周少奇	1	税安泽	1	徐涛	1
胡芸	1	胡大为	1	叶君	1
王朝阳	1	袁剑锋	1	李宇吉	1
何和智	1	谷雪贤	1	叶建山	1
汪晓军	1	沈文浩	1	李映伟	1
方利国	1	吴清仁	1	蒲侠	1
周仁义	1	申艺杰	1	赵海东	1
张水洞	1	樊慧明	1	皮丕辉	1

续表

第一发明人	发明专利数量	第一发明人	发明专利数量	第一发明人	发明专利数量
李巍华	1	马鑫	1	何光建	1
庄军平	1	黄洪	1	卢义刚	1
赵国旗	1	马晓茜	1	高理文	1
祝光富	1	黄碧纯	1	娄文勇	1
焦利敏	1	罗志刚	1	冯毅	1
裴丽霞	1	胡跃明	1	龙正英	1
黄增好	1	杨彦哲	1	方喜波	1
潘志东	1	胡庆喜	1	龙新峰	1
谢宝忠	1	杨仁党	1	朱宝璋	1
杨医博	1	胡剑青	1	刘仲武	1
张义	1	罗汉金	1	杜群贵	1
莫海军	1	洪晓斌	1	刘艳春	1
黄敏兴	1	杨金明	1	杜军	1
严玉蓉	1	刘嘉夫	1	杨超	1
陈小泉	1	陈和平	1	吴开源	1
刘亮岐	1	刘桂雄	1	刘文浩	1
文生平	1	陈安	1	迟永滨	1
薛家祥	1	许伟庆	1	刘天亮	1
陈可娟	1	曾幸荣	1	陈扬枝	1
刘丹	1	周智恒	1	赵俊贤	1
张瑞秋	1	林颖	1	梁经伦	1
林泽生	1	王则灵	1	任俊莉	1
总计	471				

10.2.3 固定建筑物（E部）技术领域完成发明专利的第一发明人分布

在固定建筑物（E部）技术领域，某高等院校获得专利授权总数为65件。完成发明专利数量最多的第一发明人是葛折圣，共发明了16件专利，占专利总数的24.62%；吴波排在第二，共发明9件专利，占专利总数的13.85%；排在第三的是单成林，共发明8件专利，占总数的12.31%。吴丙同共发明了5件专利，排在第四位；其他发明人所发明的专利数量特别少，不再进行详细分析，如表10-2所示。综上可知，固定建筑物（E部）技术领域除了排在第一位和排在第二位的发明人的发明数量差值有些大之外，其他发明人专利发明数量差值很小。

表10-2　固定建筑物（E部）技术领域完成发明专利的第一发明人分布

第一发明人	发明专利数量	第一发明人	发明专利数量	第一发明人	发明专利数量
葛折圣	16	韩小雷	3	王凯	1
吴波	9	王帆	3	王龙	1
单成林	8	房营光	2	崔跃飞	1
吴丙同	5	李述文	1	康龙云	1
迟永滨	3	谢胜利	1	吴建青	1
吴清仁	1	卢义刚	1	舒宣武	1
蔡健	1	李扬	1	张磊	1
魏武	1	曾利文	1	孟庆林	1
总计	65				

10.2.4　机械工程、照明、加热、武器、爆破（F部）技术领域完成发明专利的第一发明人分布

在机械工程、照明、加热、武器、爆破（F部）技术领域，某高等院校授权专利总数为172件。其中王洪作为第一发明人完成发明的专利数量最多，共发明了13件专利，占专利总数的7.56%；排在第二的是汤勇，共发明10件专利，所占百分比是5.81%；徐文东排在第三，共有8件发明专利，仅占总数的4.65%；排在第四的是杨凯，有4件发明专利，所占百分比为2.33%，如表10-3所示。其他发明人所发明的专利数量特别少，不再进行详细分析。由上述分析可知，机械工程、照明、加热、武器、爆破

（F部）技术领域排名不同的第一发明人发明的专利数量占总数的百分比的差值非常小，不同的第一发明人之间专利数量差值并不很明显。

表10-3 机械工程、照明、加热、武器、爆破（F部）技术领域完成发明专利的第一发明人分布

第一发明人	发明专利数量	第一发明人	发明专利数量	第一发明人	发明专利数量
王洪	13	张宪民	3	邓先和	1
汤勇	10	甘云华	2	彭新一	1
徐文东	8	李韬	2	贺频艳	1
杨凯	6	李亚军	2	蒙继龙	1
马晓茜	6	杨超峰	2	丁月华	1
巫江虹	5	陈渝广	2	张滨	1
樊栓狮	5	张正国	2	宋景慧	1
谢小鹏	5	周璇	2	余昭胜	1
陈扬枝	5	谷文耀	2	华賁	1
刘旺玉	4	罗玉涛	2	陆继东	1
简弃非	4	徐齐胜	2	张仕伟	1
李勇	4	曾德长	2	楼波	1
江楠	4	朱冬生	2	方江敏	1
汪双凤	4	容强	2	徐百平	1
闫军威	3	龙新峰	2	丁静	1
谢龙汉	3	张波	1	谢梓淳	1
李静	3	陈超核	1	池水莲	1
刘桂雄	1	李元元	1	游东东	1
贺前华	1	高顺利	1	陈晓仕	1
廖火生	1	叶峰	1	刘露阳	1
何冰强	1	冯毅	1	黄华茂	1
周雪峰	1	李茂东	1	迟永滨	1
谭奇峰	1	邓云龙	1	阚伟民	1
文尚胜	1	杨德文	1	陈渊睿	1
丁问司	1	王红林	1	王钒旭	1

续表

第一发明人	发明专利数量	第一发明人	发明专利数量	第一发明人	发明专利数量
姜立军	1	陈荣	1	屈盛官	1
许雄文	1	黄子田	1	刘雪峰	1
总计	172				

10.2.5　物理（G部）技术领域完成发明专利的第一发明人分布

在物理（G部）技术领域，某高等院校获得专利授权总数是524件。就第一发明人发明的专利数量由多到少进行排序：并列第一位的是刘发贵和韦岗，他们完成发明的专利数量最多，均为24件，占专利总数的4.58%；金连文和刘桂雄并列排在第二，均为发明16件专利，所占百分比均为3.05%；徐向民、葛折圣、张永君并列排在第三，11件发明专利，均占总数的2.10%；排在第四的是秦华标，有10件发明专利，所占百分比为1.91%，如表10-4所示。除以上发明人之外，其他发明人所发明的专利数量都在10件以下，不再进行详细分析。由上述分析可知，物理技术领域就发明人发明的专利数量而言，有许多发明人发明能力排序趋向一致，排名不同的发明人发明的专利数量差值不是特别大。或可以说，物理（G部）技术领域完成专利的第一发明人创造能力比较强，除排名前四之外，第一发明人完成的专利数量存在巨大差距。

表10-4　物理（G部）技术领域完成发明专利的第一发明人分布

第一发明人	发明专利数量	第一发明人	发明专利数量	第一发明人	发明专利数量
刘发贵	24	吴为敬	3	皮佑国	2
韦岗	24	张平	3	樊栓狮	2
金连文	16	郭礼华	3	王立世	2
刘桂雄	16	薛洋	3	陈冠宇	2
徐向民	11	李琳	3	黄茜	2
葛折圣	11	黄扬明	3	陈松茂	2

续表

第一发明人	发明专利数量	第一发明人	发明专利数量	第一发明人	发明专利数量
张永君	11	陈维平	3	黄玲	2
秦华标	10	杨荣骞	3	陈虎	2
黄翰	6	李海龙	3	熊俊	2
张宪民	6	张铁	3	胡兴刚	2
徐建闽	6	杜启亮	2	臧孟炎	2
王钢	6	楼波	2	刘定平	2
陆以勤	6	姚顺春	2	邹候文	2
李恒真	5	李拥军	2	付时雨	1
黄松	5	翁小雄	2	姜立标	1
姜小波	5	沈文浩	2	周璇	1
邱志成	5	唐韶华	2	田新良	1
洪晓斌	5	杨医博	2	贺智	1
宁更新	5	贺前华	2	周松斌	1
李远清	5	李杰	2	王前	1
周智恒	4	蔡泽祥	2	张梅	1
高红霞	4	王振民	2	赖晓铮	1
王聪	4	冯久超	2	唐军	1
全燕鸣	4	王晓兵	2	吴玉香	1
田立斌	4	陈波	2	汤毅	1
马晓茜	4	李迪	2	朱小林	1
胡斌杰	4	孙大文	2	汤立群	1
刘刚	4	李擘	2	丁建平	1
张鸣	4	卢凯	2	孙文波	1
林培群	4	齐德昱	2	王洪	1
谢小鹏	4	郭圣文	2	张军	1
吴青华	4	康龙云	2	赵光磊	1
杨中民	3	关飞	2	苏卫国	1
李艳雄	3	戚其丰	2	靳文舟	1
谢胜利	3	高英	2	舒宣武	1

续表

第一发明人	发明专利数量	第一发明人	发明专利数量	第一发明人	发明专利数量
陈暑生	3	蒲洪彬	2	黄瑞艺	1
董守斌	3	付永清	2	史景伦	1
康文雄	3	戚其丰	2	吴上生	1
史步海	1	曾利文	1	虞将苗	1
郝艳捧	1	屈盛官	1	伍明华	1
张剑平	1	李国强	1	余爱民	1
王宇林	1	张波	1	张小平	1
容强	1	张勇	1	于淑娟	1
杜兆斌	1	周述璋	1	吴婕	1
任震	1	张小英	1	彭新一	1
陈忠	1	钱艺华	1	何军	1
张曾	1	谢从珍	1	彭健新	1
陈健	1	云天	1	朱惠宗	1
瞿金平	1	冼启源	1	裴海龙	1
张赛军	1	吕俊	1	谢宝忠	1
潘静仪	1	曾新安	1	刘希喆	1
傅闯	1	罗建国	1	江燕斌	1
潘凤萍	1	曾德长	1	刘文泽	1
王晓然	1	钟嘉慧	1	夏琴香	1
牛海清	1	徐善辉	1	刘伟铭	1
杜广龙	1	陆璐	1	黄秋婷	1
殷素红	1	李东	1	郑宜峰	1
邓辉舫	1	陆继东	1	黄平	1
叶晓君	1	李潮	1	赵谋明	1
陈锡阳	1	钟汉如	1	黄坤朋	1
马琼雄	1	黎润伟	1	杨凯	1
陈世和	1	杨志坚	1	胡跃明	1
蔡永周	1	朱金辉	1	杨灿	1
王菊芳	1	龙新峰	1	晋建秀	1

续表

第一发明人	发明专利数量	第一发明人	发明专利数量	第一发明人	发明专利数量
刘友举	1	阚伟民	1	刘毅刚	1
张小康	1	利锋	1	闫军威	1
凌志远	1	王世勇	1	陈宇珂	1
洪启松	1	李哲林	1	李扬	1
林永平	1	王荣辉	1	王清辉	1
吴虹	1	严宗诚	1	赵建宁	1
林耀荣	1	邓毅华	1	张谦	1
何北海	1	李勇	1	李啸隽	1
林伟坚	1	池水莲	1	陈克复	1
郭文瑛	1	曾令可	1	李向阳	1
林上港	1	李建雄	1	王克球	1
韦江雄	1	曾江	1	李平杰	1
阳林	1	李继庚	1	陈东	1
王智东	1	张齐	1	许俊城	1
林慧斌	1	赵海锋	1	傅予力	1
高群玉	1	李浩	1	廖永进	1
林海杰	1	马乐	1	王孝洪	1
廖艳芬	1	廖慧	1	常天海	1
冯彦洪	1	张乾良	1	许凤	1
总计	524				

综上所述可知，某高等院校在不同技术领域，第一发明人的专利数量各有不同。有些发明人比如葛折圣在固定建筑物（E部）技术领域和物理（G部）技术领域所发明的专利都比较多。如果认为发明人发明的专利数量能够反映其发明能力，那么个别发明人发明能力确实较高。

10.3 不同技术领域发明专利第一申请人分布

作为某一行业的技术领导者与核心科研机构的专利申请人创新水平可

以在一定程度上反映科研机构的整体水平。本书所说的第一申请人排名是指待评专利主分类号（如A01）下，第一申请人申请专利数量排名（作为第一申请人，申请的专利数量越多，排名越靠前）。本节主要通过饼状图分析不同技术领域发明专利第一申请人分布情况。

10.3.1 某高等院校为第一申请人的发明专利分布

截至数据检索时间，某高等院校被授权的发明专利共1286件，其中某高等院校作为第一申请人申请的专利数量有1191件，占专利总数93%。其他机构或者个人作为第一申请人申请的专利数量仅有95件，占总数的7%，如图10-8所示。

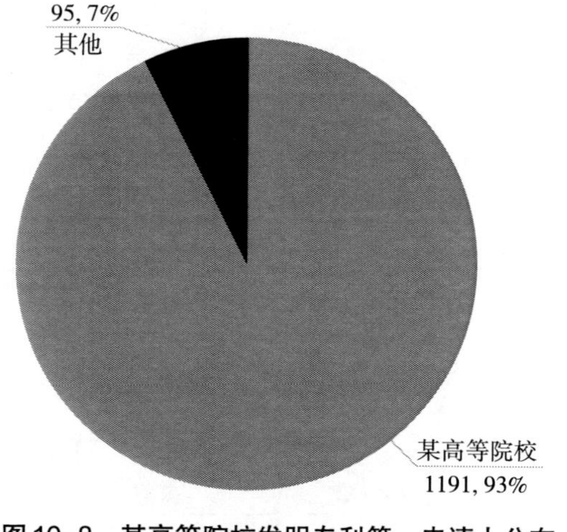

图10-8 某高等院校发明专利第一申请人分布

10.3.2 其他权利人为第一申请人的发明专利分布

其他权利人作为第一申请人的发明专利分布情况，按照专利申请量进行排序，具体如下：广东电网公司电力科学研究院共申请了14件专利，占总数的15%；广东电网公司佛山供电局次之，共申请了7件专利，占总数的7%；东莞市科隆威自动化设备有限公司和广东中城建设集团有限公司分别申请了5件专利，占总数的5%，并列第三位；排在第四位的是广东电网公司广州供电局共申请4件专利；并列第五的是中国南方电网有限责任公司超高压输电公司、广州华新科实业有限公司分别申请了3件专利，如表10-5所示。由于专利申请量非常少，其他权利人作为第一申请人发明专利的情况不再详细分析。

需要说明的是，人类生活需要（A类）技术领域中共有54件发明专利，其申请人均为某高等院校单独申请，因此不再单列出来进行详述。这说明在人类生活需要技术领域中，某大学具有较为完整的科研规模以及完善的发明专利申请体系。

表10-5 某高等院校获得授权的发明专利中其他主体为第一申请人的情况

第一申请人名称	发明专利数量	第一申请人名称	发明专利数量
广东电网公司电力科学研究院	14	广东上九生物降解塑料有限公司	1
广东电网公司佛山供电局	7	广东省电力工业局试验研究所	1
东莞市科隆威自动化设备有限公司	5	广东省建筑科学研究院集团股份有限公司	1
广东中城建设集团有限公司	5	广东肇庆星湖生物科技股份有限公司	1
广东电网公司广州供电局	4	广州电力设计院	1
广东星联精密机械有限公司	3	广州建筑股份有限公司	1
广州华新科实业有限公司	3	广州康盛生物科技有限公司	1
中国南方电网有限责任公司超高压输电公司	3	广州南联实业有限公司	1
广东电网公司电力调度控制中心	2	广州汽车集团股份有限公司	1
广东电网公司东莞供电局	2	广州狮岭皮革皮具产业研究中心有限公司	1
广东电网公司肇庆供电局	2	广州市酒类检测中心	1
广东火电工程总公司	2	广州市煤气公司	1

续表

第一申请人名称	发明专利数量	第一申请人名称	发明专利数量
广东粤海控股有限公司	2	广州特种承压设备检测研究院	1
广东中实金属有限公司	2	江苏肯创环境科技股份有限公司	1
广西交通科学研究院	2	李锦记(新会)食品有限公司	1
广州大学	2	上海轮胎橡胶(集团)股份有限公司轮胎研究所	1
广州供电局有限公司	2	韶关东南轴承有限公司	1
广州市精源电子设备有限公司	2	深圳市大豪汽车部件有限公司	1
南方电网科学研究院有限责任公司	2	深圳市格瑞卫康环保科技有限公司	1
深圳市亿铖达工业有限公司	2	深圳市伟雄机械设备有限公司	1
北京市燃气集团有限责任公司	1	雪龙集团股份有限公司	1
东莞市石龙富华电子有限公司	1	中国瑞林工程技术有限公司	1
佛山水业集团有限公司	1	中山大学	1
广东科学技术职业学院	1	总计	95

10.3.3 作业运输（B部）技术领域某高等院校及其他权利人为第一申请人的发明专利分布

在作业运输（B部）技术领域，某高等院校获得授权的发明专利共471件。某高等院校作为第一申请人共获得了434件专利授权，占作业运输技术领域授权专利总数的92%。而其他权利人作为第一申请人共申请了37件专利，占总数的8%，如图10-9所示。由上述可知，作业运输技术领域中，某高等院校作为第一申请人申请的专利数量占有绝对优势，其他专利权人处于相对弱势地位。

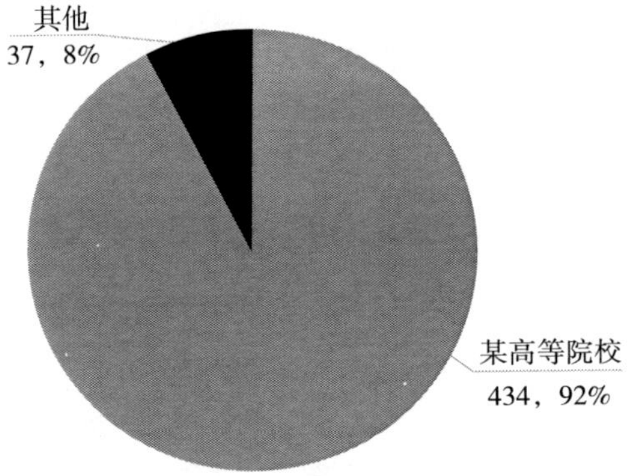

图10-9　作业运输（B部）技术领域发明专利第一申请人分布

某高等院校除外，其他权利人作为第一申请人的发明专利分布情况，按照专利申请量进行排序，具体如下：排在第一位的是东莞市科隆威自动化设备有限公司，共申请了5件专利，占总数的14%；排第二位的是广东电网公司电力科学研究院，共4件专利，占总数的11%；并列第三位的广东星联精密机械有限公司、广州华新科实业有限公司分别申请了3件专利，占总数的8%；并列排第四位的广东中实金属有限公司、广州市精源电子设备有限公司、广东火电工程总公司分别申请2件专利，占总数5%，如表10-6所示。由上述分析至少可得出作业运输技术领域内其他第一申请人分别申请的专利数量非常少，不同申请人之间专利申请量差值不大。

表10-6　作业运输（B部）技术领域发明专利其他第一申请人分布

第一申请人名称	发明专利数量
东莞市科隆威自动化设备有限公司	5
广东电网公司电力科学研究院	4
广东星联精密机械有限公司	3
广州华新科实业有限公司	3
广东火电工程总公司	2
广东中实金属有限公司	2

续表

第一申请人名称	发明专利数量
广州市精源电子设备有限公司	2
深圳市亿铖达工业有限公司	2
佛山水业集团有限公司	1
广东上九生物降解塑料有限公司	1
广东省建筑科学研究院集团股份有限公司	1
广东粤海控股有限公司	1
广州康盛生物科技有限公司	1
广州南联实业有限公司	1
广州汽车集团股份有限公司	1
广州狮岭皮革皮具产业研究中心有限公司	1
江苏肯创环境科技股份有限公司	1
李锦记(新会)食品有限公司	1
韶关东南轴承有限公司	1
深圳市大豪汽车部件有限公司	1
深圳市格瑞卫康环保科技有限公司	1
深圳市伟雄机械设备有限公司	1
总计	37

10.3.4　固定建筑（E部）物技术领域某高等院校及其他权利人为第一申请人的发明专利分布

在固定建筑物（E部）技术领域，某高等院校获得授权的发明专利为65件。其他权利人作为第一申请人共获得了6件专利，占总数的9%。而某高等院校作为第一申请人共申请了59件专利，占固定建筑物（E部）技术领域授权专利总数的91%，如图10-10所示。由上述可知，固定建筑物（E部）技术领域中，某高等院校作为第一申请人申请的专利数量占有绝对优势，其他专利权人处于相对弱势地位。

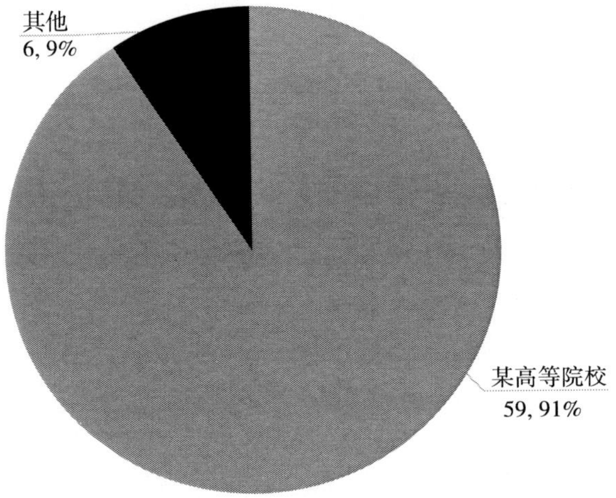

图10-10　在固定建筑物（E部）技术领域获得发明专利的第一申请人分布

按照专利申请量进行排序，其他权利人作为第一申请人（除某高等院校外），发明专利分布情况具体如下：广东中城建设集团有限公司申请的专利较多，共5件专利，占总数的83%；广州建筑股份有限公司次之，仅申请了1件专利，占总数17%，如图10-11所示。由此可知，固定建筑物（E部）技术领域被授权的专利总数比较少，某高等院校的专利申请量是该技术领域专利总数的主要组成部分，其他专利权人作为第一申请人申请的专利数量少之又少。

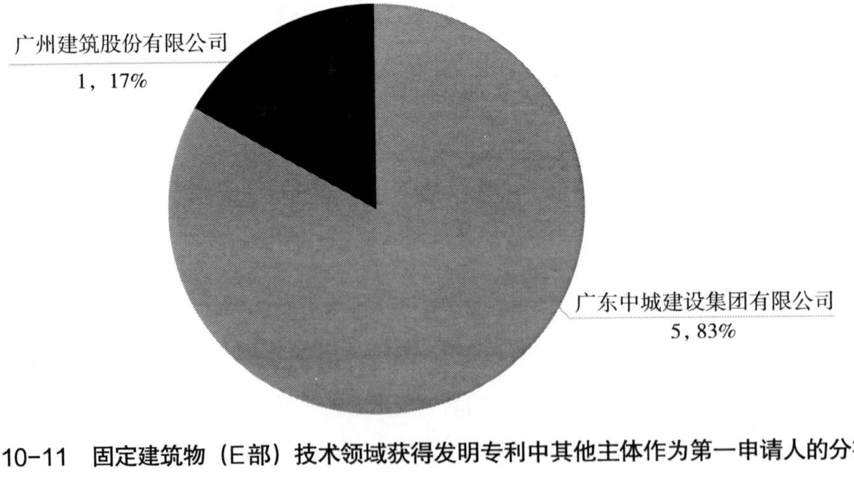

图10-11　固定建筑物（E部）技术领域获得发明专利中其他主体作为第一申请人的分布

10.3.5　机械工程、照明、加热、武器、爆破（F部）技术领域某高等院校及其他权利人为第一申请人的发明专利分布

在机械工程、照明、加热、武器、爆破（F部）技术领域，某高等院校获得授权专利数为172件。某高等院校作为申请人获得授权161件专利，占机械工程、照明、加热、武器、爆破（F部）技术领域授权专利总数的94%。而其他权利人作为第一申请人共申请了11件专利，占总数6%，如图10-12所示。由上述可知，机械工程、照明、加热、武器、爆破（F部）技术领域中，高等院校作为第一申请人申请的专利数量占有绝对优势，其他专利权人处于相对弱势地位。

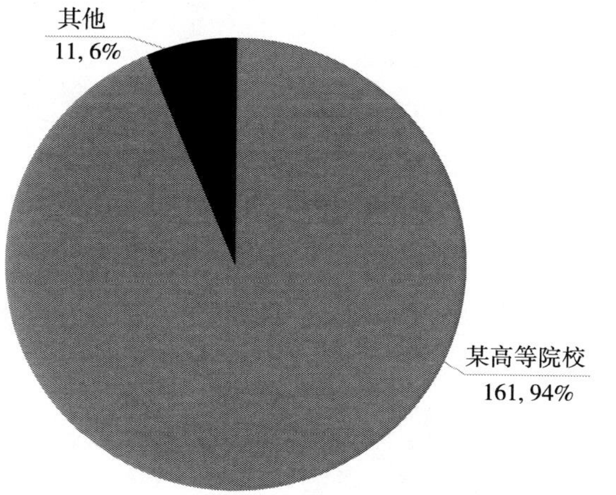

图10-12　机械工程、照明、加热、武器、爆破（F部）技术领域发明专利作为第一申请人分布

某高等院校之外的其他权利人作为第一申请人的发明专利分布情况，按照专利申请量进行排序，具体如下：广东电网公司电力科学研究院申请的专利最多，共4件，占总数的36%；广州特种承压设备检测研究院、广东奥海控股有限公司、东莞市石龙富华电子有限公司、雪龙集团股份有限公司、中国瑞林工程技术有限公司、中山大学、北京市燃气集团有限责任公司各申请了1件授权专利，分别占总数的9%，如图10-13所示。综上可知，机械工程、照明、加热、武器、爆破（F部）技术领域内其他第一申请人中除了广东电网公司电力

科学研究院申请的专利数量比较多外，其他专利权人专利申请量基本没有差别，趋向一致。

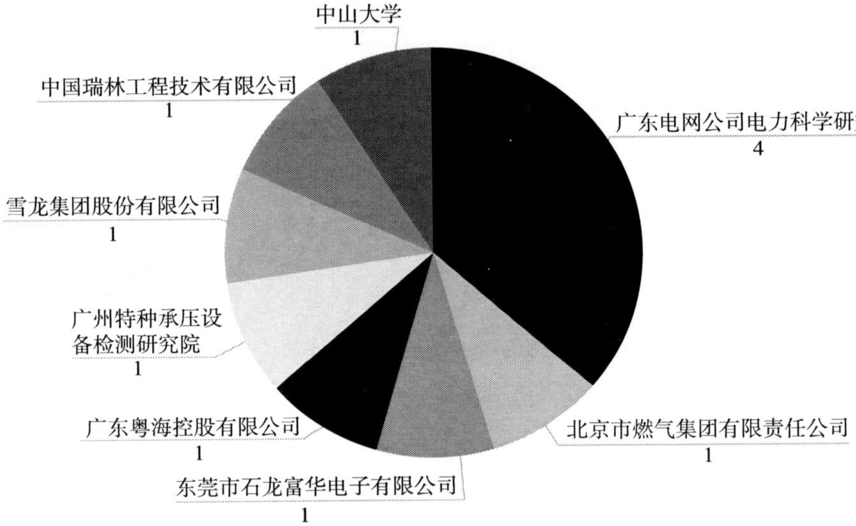

图10-13　机械工程、照明、加热、武器、爆破（F部）获得发明专利中其他主体作为第一申请人的分布

10.3.6　物理（G部）技术领域某高等院校为第一申请人的发明专利分布

在物理（G部）技术领域，某高等院校获得授权的发明专利数为524件。其他权利人作为第一申请人共申请了41件专利，占总数的8%。而某高等院校共申请了483件专利，占物理技术领域授权专利总数的92%，如图10-14所示。由上述分析可知，物理技术领域中，相较于其他专利权人，某高等院校作为第一申请人申请的专利数量占有绝对优势。

某高等院校除外，其他权利人作为第一申请人的发明专利分布情况，按照专利申请量进行排序，具体如下：广东电网公司佛山供电局排在第一位，共申请了7件专利，占总数的17%；排第二的是广东电网公司电力科学研究院，共6件专利，占总数的15%；居于第三位的是广东电网公司广州供电局，共申请4件专利，占总数的10%；中国南方电网有限责任公司超高压输电公司申请了3件专利，占总数的7%；除此外的其他几个专利权人分别申请了2件专利，分别占总数的5%，如表10-7所示。由上述分析至少可得出G技术领域内其他专利权人作为第一申请人的种类较多，但是分别申请的专利数量非常少，不同申请人之间专利申请量差值不大。

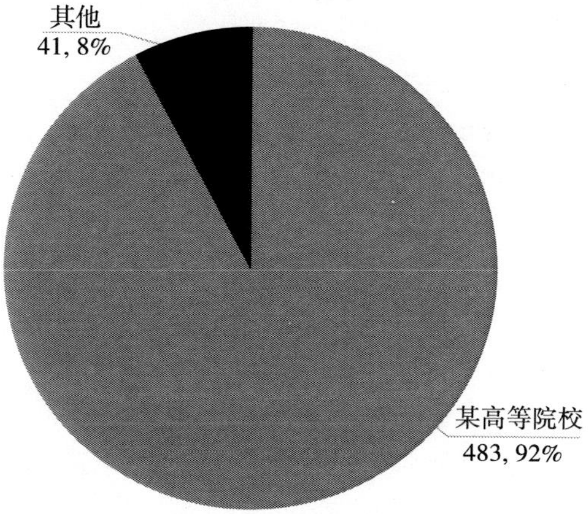

图10-14 物理（G部）技术领域发明专利第一申请人分布

表10-7 物理（G部）技术领域获得发明专利中其他主体作为第一申请人的分布

第一申请人名称	发明专利数量
广东电网公司佛山供电局	7
广东电网公司电力科学研究院	6
广东电网公司广州供电局	4
中国南方电网有限责任公司超高压输电公司	3
广东电网公司电力调度控制中心	2
广东电网公司东莞供电局	2
广东电网公司肇庆供电局	2
广西交通科学研究院	2
广州大学	2
广州供电局有限公司	2
南方电网科学研究院有限责任公司	2
广东科学技术职业学院	1

续表

第一申请人名称	发明专利数量
广东省电力工业局试验研究所	1
广东肇庆星湖生物科技股份有限公司	1
广州电力设计院	1
广州市酒类检测中心	1
广州市煤气公司	1
上海轮胎橡胶(集团)股份有限公司轮胎研究所	1
总计	41

10.4 不同技术领域发明专利申请日分布

《中华人民共和国专利法》第二十八条规定："国务院专利行政部门收到专利申请文件之日为申请日。"专利申请日对专利申请人具有十分重要的意义，对专利申请人是否能获得专利权有直接关系。因此，确定申请日是专利申请人能获准专利权的关键日。本部分就某高等院校在不同技术领域获得发明专利的申请日期进行分析。

某高等院校专利的申请日期集中分布在2008—2013年，特别是在2010—2012年，专利申请获得授权最多。在其他几个时间段专利申请获得授权的集中程度比较低。某高等院校专利数量随着具体的申请时间变化如下：2000年及之前某高等院校获得授权专利很少，2001—2007年期间每年获得专利的申请数量不超过50件，直到2008年专利申请数量开始突破50件。2008年之后专利申请数量开始逐渐增多，2009—2013年期间专利申请数量都超过100件，特别是在2012年专利数量达到最大值（180件），具体情况如图10-15所示。由于专利从申请到公开有一定的程序限制，且专利检索日期比较靠后，所以2013年、2014年专利申请数量呈急速减少的情形。

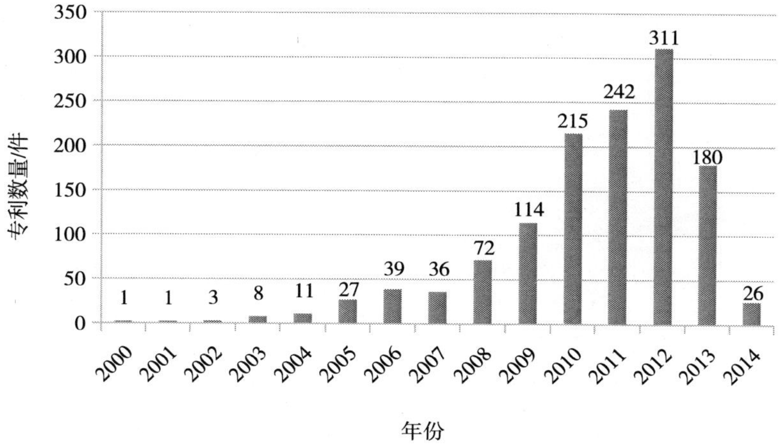

图10-15　某高等院校授权发明专利的申请日期分布

10.4.1　人类生活必需（A部）技术领域发明专利申请日期分布

某高等院校在人类生活必需（A部）技术领域中获得授权的发明专利的申请时间主要集中在2003—2014年。人类生活必需技术领域获得专利的最早申请时间为2003年，仅申请了1件专利。2003—2010年，在人类生活必需（A部）技术领域每年获得授权专利的申请量都是个位数。在2010年获得授权专利的申请量达到最大值，共38件专利，占专利总数的70.37%。2011年、2012年获得授权专利的申请数量相同，都是4件，此后人类生活必需（A部）技术领域专利申请量变化不十分明显，专利数量变化比较缓慢。具体情况如图10-16所示。总体来看，某高等院校在人类生活必需技术领域获得授权专利的申请量与专利申请时间之间的相关性并不十分显著。

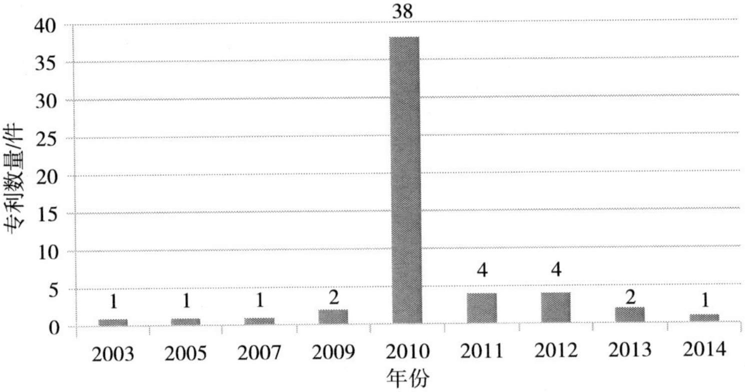

图10-16　在人类生活必需（A部）技术领域获得发明专利的申请日期分布

10.4.2　作业运输（B部）技术领域获得授权发明专利的申请日期分布

较之于人类生活必需（A部）技术领域，作业运输（B部）技术领域获得授权发明专利的申请时间最早是2000年，此时仅有1件发明专利获得授权。此后作业运输（B部）技术领域获得授权发明专利的申请量随着申请时间的不断变化，呈快速增加的趋势。2000—2005年，获得授权发明专利的申请数量极为缓慢变化，但是2006年之后开始呈现稳步上升的趋势，特别是2010年之后，获得授权发明专利的申请数量快速攀升。2012年获得授权发明专利的申请数量（101件）达到最多；2013年有所下降，但申请数量（91件）也有相当优势。具体情况如图10-17所示。总体看来，某高等院校在作业运输技术领域获得授权发明专利的申请时间集中分布在2008—2013年，在其他几个时间段集中程度比较低。

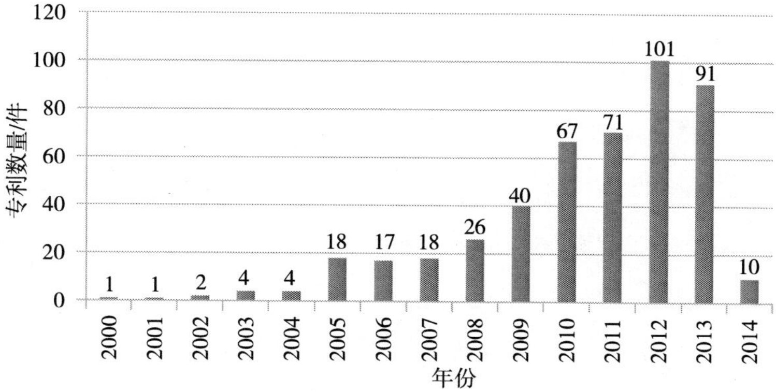

图10-17　在作业运输（B部）技术领域获得授权发明专利的申请日期分布

10.4.3　固定建筑物（E部）技术领域获得授权发明专利的申请日期分布

总体看来，固定建筑物（E部）技术领域专利的申请时间集中分布在2009—2012年，在其他时间段集中程度比较低。固定建筑物技术领域获得授权发明专利的申请数量随着具体的申请时间变化如下：2004年该技术领域开始申请2件专利，之后2004—2009年获得授权发明专利的申请数量缓慢增加，换言之，在这个时间段固定建筑物（E部）技术领域获得授权发明专利的申请时间并不十分集中。2009年获得授权发明专利的申请量开始大幅度增加，特别是2012年获得授权发明专利的申请数量达到极值，共申请了26件专利；2013年之后获得授权发明专利的申请数量开始下降，但专利申请量仍有部分优势。具体情况如图10-18所示。

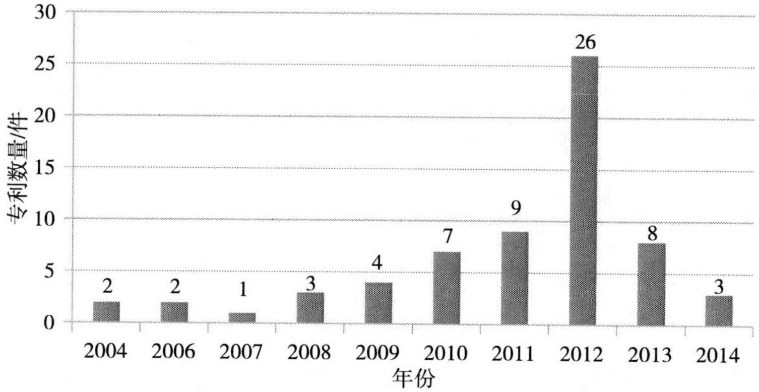

图10-18　在固定建筑物（E部）技术领域获得授权发明专利的申请日期分布

10.4.4 机械工程、照明、加热、武器、爆破（F部）技术领域获得授权发明专利的申请日期分布

某高等院校在机械工程、照明、加热、武器、爆破（F部）技术领域获得授权发明专利的申请日期分布明显区别于其他技术领域。总体看来，机械工程、照明、加热、武器、爆破（F部）技术领域获得授权发明专利的申请时间在各个时间段分布都比较集中，尤其是在2009—2013年。机械工程、照明、加热、武器、爆破（F部）技术领域专利数量随着具体的申请时间变化如下：2003年该技术领域获得授权发明专利的申请量开始起步，仅有2件专利。2004—2008年期间获得授权发明专利的申请数量缓慢增加，换句话说，在这个时间段中机械工程、照明、加热、武器、爆破（F部）技术领域获得授权发明专利的申请日期分布并不十分集中。2009—2013年获得授权发明专利的申请数量呈现出快速增加的状态，其中2009年获得授权发明专利的申请量开始大幅度增加，特别是到2012年获得授权发明专利的申请数量达到极值，共申请了36件专利；2013年之后获得授权发明专利的申请数量开始下降，但专利申请量仍有部分优势。具体情况如图10-19所示。

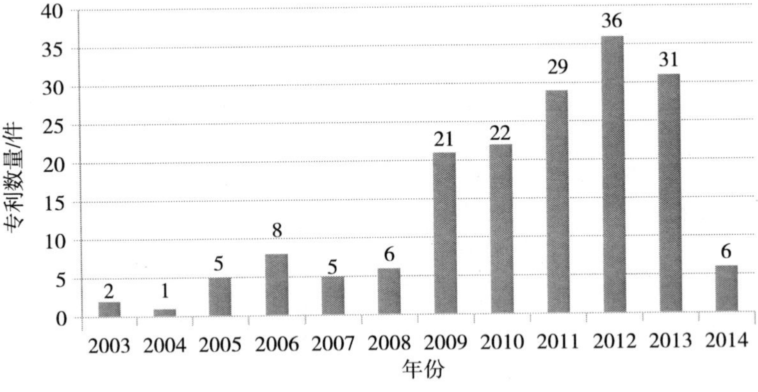

图10-19 在机械工程、照明、加热、武器、爆破（F部）技术领域获得发明专利的申请日期分布

10.4.5　物理（G部）技术领域获得授权发明专利的申请日期分布

某高等院校在物理（G部）技术领域获得授权发明专利的申请日期集中分布在2009—2012年，在其他几个时间段集中程度比较低。某高等院校在物理技术领域获得授权发明专利的申请数量随着具体的申请时间变化如下：2002年该技术领域获得授权发明专利的申请只有1件。2003—2007年获得授权发明专利的申请数量缓慢增加，整体数量变化不明显。2009—2012年该技术领域获得授权发明专利的申请数量呈现出快速增加的状态，其中2012年获得授权发明专利的申请数量达到极值，共申请了144件专利；2013年之后获得授权发明专利的申请数量开始大幅度减少，但相比2010年之前的专利申请数量仍有部分优势，如图10-20所示。

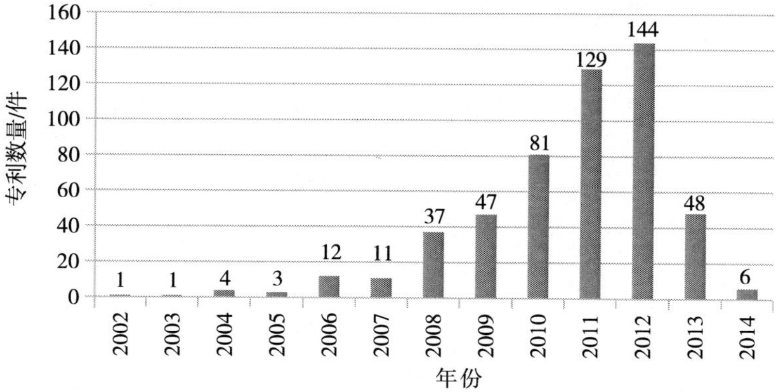

图10-20　在物理（G部）技术领域获得授权发明专利的申请日期分布

10.5　发明专利代理机构代理水平分布

专利代理机构是经省级专利行政管理机构审核，国家知识产权局批准设立，可以接受委托人委托，在委托权限范围内以委托人的名义办理专利申请或其他专利事务的服务机构。目前我国已有专利代理机构870多家，包括涉外代理机构。本书所述专利代理机构代理水平是指某代理机构代理的某高等院校发明专利的数量。代理专利数量越多，其代理水平排名越靠前。取前10位且代理数量大于等于5的专利代理机构。本书以下部分分别对各个技术领域专利代理机构的分布情况进行分析。

10.5.1 总体发明专利代理机构代理水平分布

总体来看，代理机构一共代理某高等院校的授权专利数量为1197件，各个代理机构代理的专利数量非常有限，代理数量排名前四位的专利代理机构代理的专利数量比较可观。其中广州市华学知识产权代理有限公司共代理了649件专利，占专利总数的54.22%；排在第二的是广州粤高专利商标代理有限公司，代理了433件专利，占总数的36.17%；位居第三的是广州华进联合专利商标代理有限公司，代理了34件专利，占总数的2.84%；北京捷诚信通专利事务所共代理了24件专利，排在第四位。排名在四位以后的代理机构代理的专利数量均不超过20件，大部分代理机构仅代理了1项专利。另有89件专利在数据搜集时未查询到其专利代理机构，在下文对各个技术领域专利的专利代理机构进行描述时，不将这些专利计算在内，特此说明。具体情况如图10-21所示。

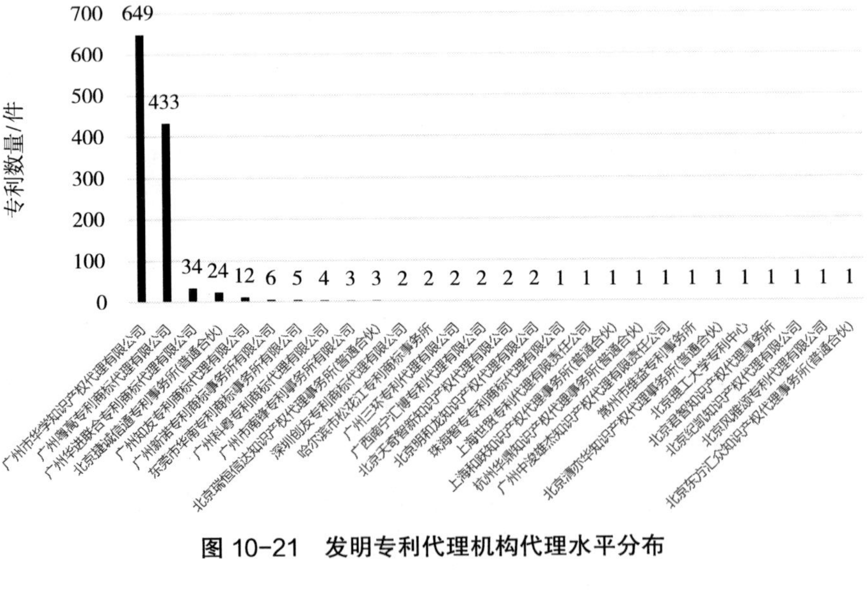

图10-21 发明专利代理机构代理水平分布

10.5.2　人类生活必需（A部）技术领域发明专利代理机构代理水平分布

某高等院校在人类生活必需（A部）技术领域获得的授权专利有51件。（该领域另有3件专利缺失专利代理机构一项数据，此处不计算在总数之内，下同。）其中广州市华学知识产权有限公司代理的专利数量最多，共45件，占专利总数的88.24%；广州粤高专利商标代理有限公司代理了5件专利，北京君智知识产权代理事务所代理了1件专利。具体情况如图10-22所示。

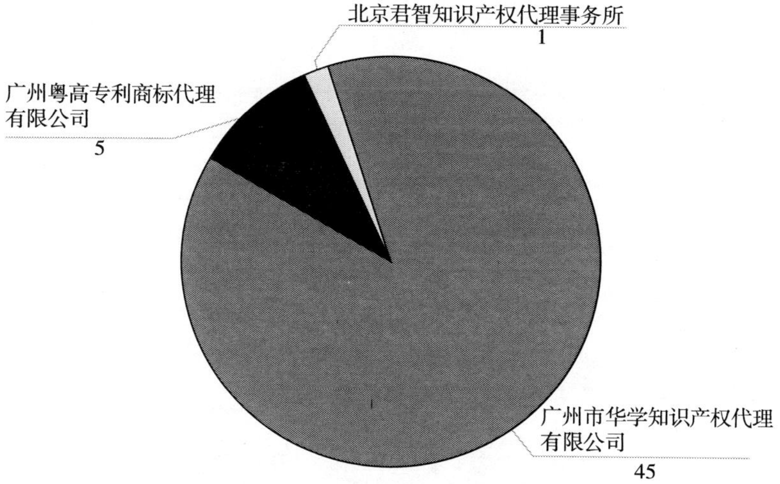

图10-22　人类生活必需（A部）技术领域发明专利代理机构代理水平分布

10.5.3　作业运输（B部）技术领域发明专利代理机构代理水平分布

某高等院校在作业运输（B部）技术领域获得的授权专利共计432件，其中广州市华学知识产权代理有限公司代理的专利数量最多，共269件，占B领域授权专利总数的62.27%；排在第二位的是广州粤高专利商标代理有限公司，共133件专利，占总数的30.79%。其余专利代理机构所代理的专利数量均不足10项，数量较少，不再赘述。具体如表10-8所示。

表10-8　作业运输（B部）技术领域发明专利代理机构代理水平分布

发明专利代理机构	代理发明专利数量/件
广州市华学知识产权代理有限公司	269
广州粤高专利商标代理有限公司	133
广州华进联合专利商标代理有限公司	5
东莞市华南专利商标事务所有限公司	5
北京瑞恒信达知识产权代理事务所（普通合伙）	3
深圳创友专利商标代理有限公司	2
广州知友专利商标代理有限公司	2
北京明和龙知识产权代理有限公司	2
北京捷诚信通专利事务所（普通合伙）	2
珠海智专专利商标代理有限公司	1
上海和跃知识产权代理事务所（普通合伙）	1
哈尔滨市松花江专利商标事务所	1
广州新诺专利商标事务所有限公司	1
广州市南锋专利事务所有限公司	1
广州三环专利代理有限公司	1
常州市维益专利事务所	1
北京理工大学专利中心	1
北京东方汇众知识产权代理事务所(普通合伙)	1
总计	432

10.5.4　固定建筑物（E部）技术领域发明专利代理机构代理水平分布

某高等院校在固定建筑（E部）技术领域获得授权的专利有60件。其中广州市华学知识产权代理有限公司代理的专利数量最多，共34件，占专利总数的56.67%；广州粤高专利商标代理有限公司有23件专利，占总数的38.33%；广州市南锋专利事务所有限公司、杭州华鼎知识产权代理事务所（普通合伙）和广州新诺专利商标事务所有限公司均只代理了1件专利，所以不再赘述。具体情况如图10-23所示。

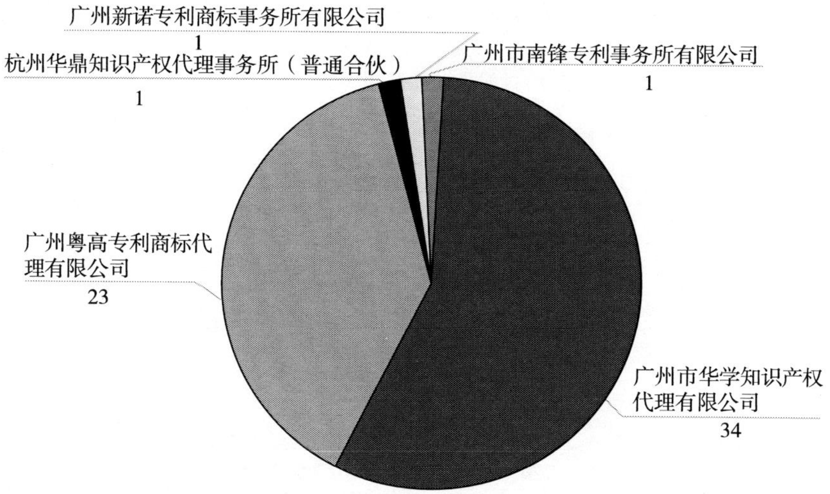

图 10-23　固定建筑物（E部）技术领域发明专利代理机构代理水平分布

10.5.5　机械工程、照明、加热、武器、爆破（F部）技术领域发明专利代理机构代理水平分布

某高等院校在机械工程、照明、加热、武器、爆破（F部）技术领域获得授权的专利共164件，其中广州市华学知识产权代理有限公司代理的专利数量最多，共89件，占专利总数的54.27%；排在第二位的是广州粤高专利商标代理有限公司，共65件授权专利，占总数的39.63%；居于第三位的是广州知友商标代理有限公司，代理了4件专利。其余代理机构均只代理了1件专利，不再赘述。具体情况如图10-24所示。

10.5.6　物理（G部）技术领域发明专利代理机构代理水平分布

某高等院校在物理（G部）技术领域获得授权的专利有490件，其中广州市华学知识产权代理有限公司代理的专利数量最多，共212件，占物理技术领域授权专利总数的43.27%；排在第二位的是广州粤高专利商标代理有限公司，共207件授权专利，占总数的42.24%；居于第三位的是广州华进联合专利商标代理有限公司，有29件专利，占总数的5.92%；排在第四位的是北京捷诚信通专利事务所（普通合伙），代理的专利数量是20件。其他几个代理机构代理的专利数量基本都是个位数，数量比较少，所以不再详述。具体情况如表10-9所示。

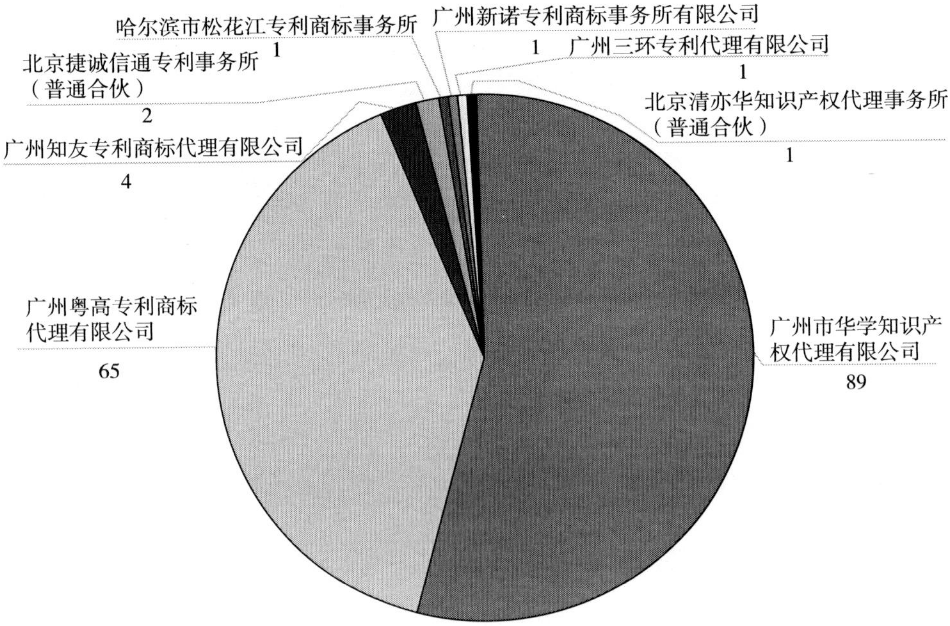

图10-24　机械工程、照明、加热、武器、爆破（F部）技术领域发明专利代理机构代理水平分布

表10-9　物理（G部）技术领域发明专利代理机构代理水平分布

发明专利代理机构	代理发明专利数量/件
广州市华学知识产权代理有限公司	212
广州粤高专利商标代理有限公司	207
广州华进联合专利商标代理有限公司	29
北京捷诚信通专利事务所（普通合伙）	20
广州知友专利商标代理有限公司	6
广州科粤专利商标代理有限公司	4
广州新诺专利商标事务所有限公司	3

续表

发明专利代理机构	代理发明专利数量/件
广西南宁汇博专利代理有限公司	2
北京天奇智新知识产权代理有限公司	2
上海世贸专利代理有限责任公司	1
广州中浚雄杰知识产权代理有限责任公司	1
广州市南锋专利事务所有限公司	1
北京纪凯知识产权代理有限公司	1
北京风雅颂专利代理有限公司	1
总计	490

10.6 不同技术领域发明专利法律状态

专利的法律状态指某一特定时间点某项专利申请或授权在某一国家的权利类型、权利维持、权利范围、权利归属等状态。专利法律状态与专利质量有着密切的联系，专利质量是影响技术竞争力的重要因素。专利法律状态信息可以弥补专利申请信息的不足，全面反映技术差距、专利质量的状态。专利许可与转让是较为常见的专利运营方式，在这种运营方式下，专利不再只是作为一种技术，不再是一张专利证书，而是将专利物化为一种商品参与市场竞争，从根本上拓宽了专利价值的实现渠道。为了分析某高等院校在不同技术领域专利价值的差别情况，本书将从许可、转移两种法律状态对不同技术领域的发明专利进行分析。

10.6.1 发明专利总体法律状态分布

某高等院校总共获得授权的发明专利共1286件，处于有效状态下的专利共1204件，占总数的93.62%。其中专利权转移的有23件，占总数的1.79%；处于许可备案状态下的专利共59件，占总数的4.59%。人类生活需要（A部）技术领域共有授权专利54件，有效状态下51件，转移专利1件，许可备案专利2件。作业运输（B部）技术领域共471件专利，有效状态下共431件专利，12件转移专利，许可备案专利28件。固定建筑物（E部）技术领域共65件专利，有效状态下58件，转移专利2件，许可备案专利5件。机械工程、照明、加热、武器、爆破（F部）技术领域共163件专利，有效状态下8件，转移专利1件，许可备案专利5件。物理（G部）技术领域共501件专利，有效状态下8件，转移专利7件，许可备案专利16件。具体情况如图10-25所示。由上述分析可知，某高等院校在不同技术领域被授权的专利中，有效状态下的专利数量占有绝大部分，许可备案状态下的专利数量总是多于转移状态下的专利。

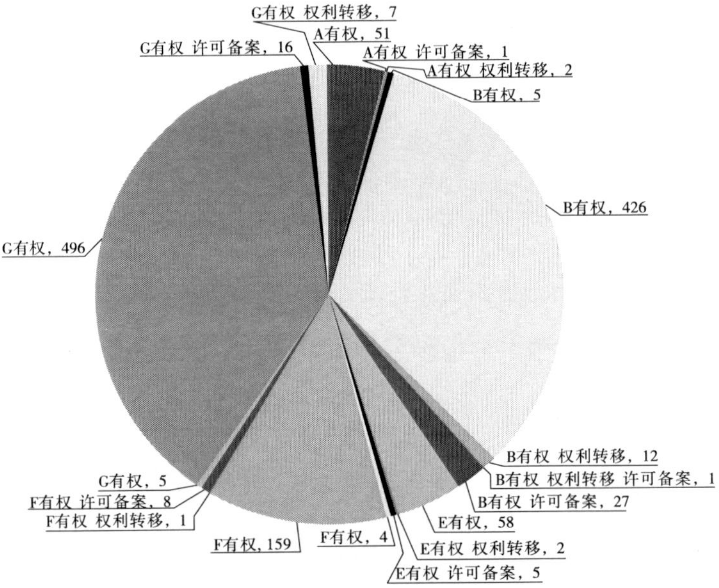

图10-25 某高等院校获得授权发明专利的法律状态分布

10.6.2 人类生活需要（A部）技术领域发明专利的法律状态分布

在人类生活需要（A部）技术领域，某高等院校获得授权的发明专利共54件，处于有权状态下的专利数量最多，共51件，占该技术领域授权专利总数的94.44%。许可备案状态下的专利数量排在第二位，共2件专利，占专利总数的3.70%。权利转移状态下的专利数量最少，仅有1件专利。具体情况如图10-26所示。

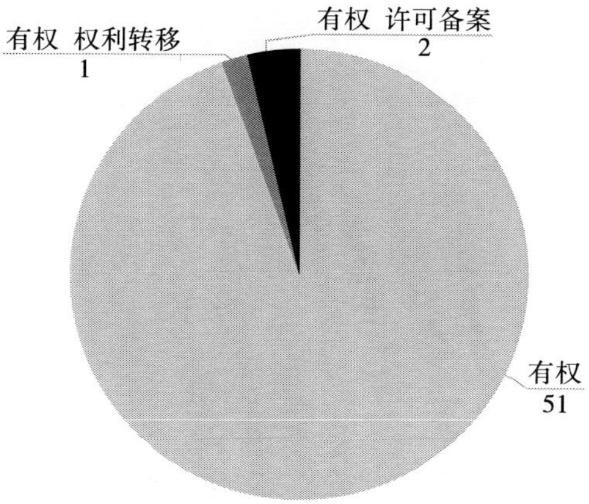

图10-26 人类生活需要（A部）技术领域发明专利法律状态分布

10.6.3 作业运输（B部）技术领域发明专利的法律状态分布

某高等院校在作业运输（B部）技术领域获得授权的发明专利共471件，不同法律状态下的专利数量各有不同。排在第一位的是有权状态下的专利数量，共431件专利，占该领域授权专利总数91.50%。居于第二位的是许可备案状态下的专利数量，共27件，占专利总数5.73%。排在第三位的是转移状态下的专利数量，共有12件。经历过转移程序，目前处于许可备案状态下的专利数量最少，仅有1件专利。具体情况如图10-27所示。

10.6.4 固定建筑物（E部）技术领域发明专利的法律状态分布

在固定建筑物（E部）技术领域，某高等院校获得授权的发明专利共65件，处于有权状态下的专利数量最多，共58件，占该技术领域授权专利总数的89.23%。许可备案状态下的专利数量排在第二位，共5件专利，占专利总数的7.69%。权利转移状态下的专利数量最少，仅有2件专利。具体情况如图10-28所示。

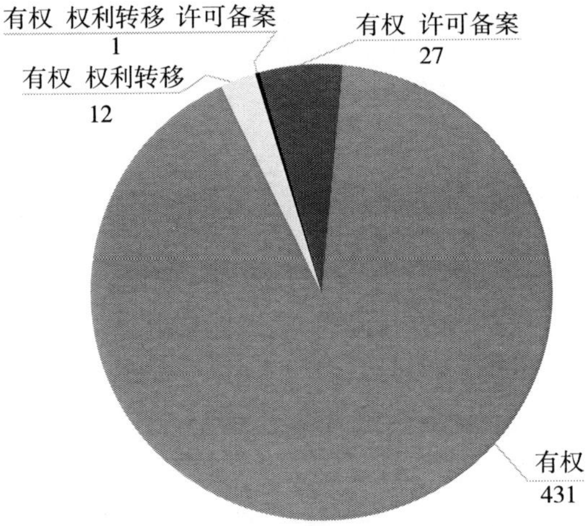

图10-27 作业运输（B部）技术领域发明专利法律状态分布

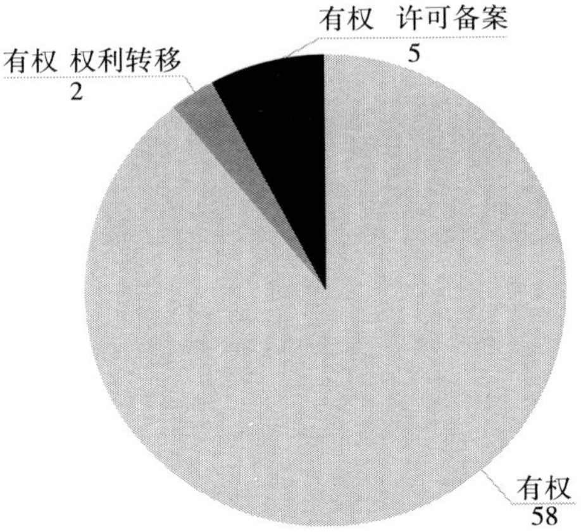

图10-28 固定建筑物（E部）技术领域发明专利法律状态分布

10.6.5 机械工程、照明、加热、武器、爆破（F部）技术领域发明专利总体法律状态分布

某高等院校在机械工程、照明、加热、武器、爆破（F部）技术领域共获得授权发明专利172件，不同法律状态下的发明专利数量各有不同。排在第一位的是有权状态下的发明专利数量，共163件专利，占该领域授权发明专利总数的94.77%。居第二位的是许可备案状态下的发明专利数

量，共8件，占发明专利总数的4.65%。排在第三位的是转移状态下的专利数量，仅有1件发明专利。具体情况如图10-29所示。

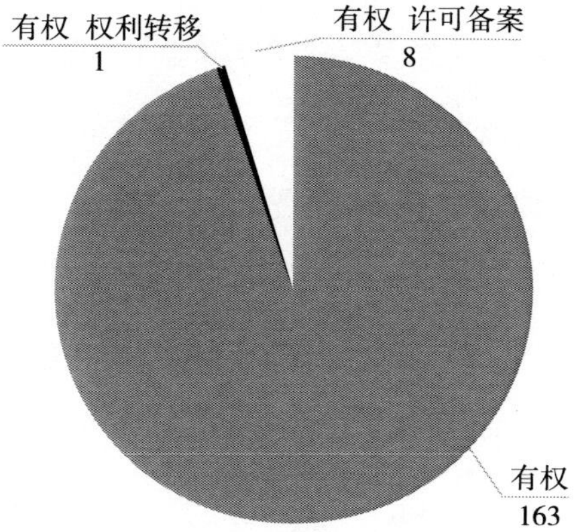

图10-29　机械工程、照明、加热、武器、爆破（F部）技术领域发明专利法律状态分布

10.6.6　物理技术领域发明专利法律状态分布

在物理技术领域，某高等院校获得授权的发明专利共524件，处于有权状态下的发明专利数量最多，共501件，占该技术领域授权发明专利总数的95.61%。许可备案状态下的发明专利数量排在第二位，共16件专利，占专利总数的3.05%。权利转移状态下的发明专利数量最少，仅有7件发明专利。具体情况如图10-30所示。

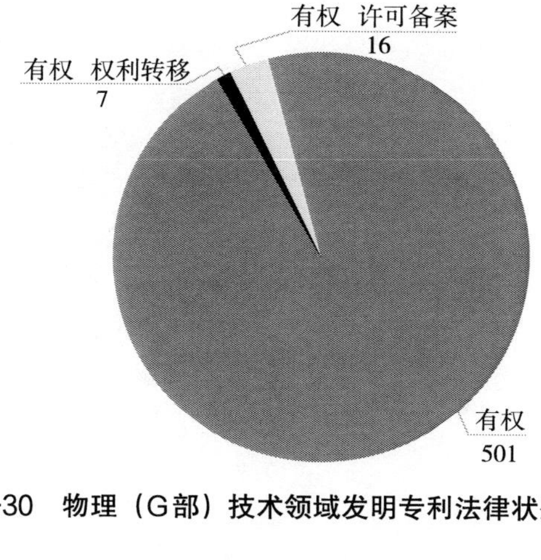

图10-30　物理（G部）技术领域发明专利法律状态分布

10.7 不同技术领域发明专利的稳定性

本书所述专利稳定性是指某高等院校所持待评专利是否经历专利诉讼或复审程序。其中专利的诉讼数，即一项专利获得授权后涉及诉讼的次数。通过对专利的价值进行研究发现，专利的价值分布极不均衡，单个专利价值之间存在着巨大的差别，仅有极少数的专利会给专利权人带来较大的经济收益，大部分专利在获得授权后专利权人甚至不会支付专利维持年费而使得其销声匿迹。面对大部分没有价值的专利和高额的诉讼费用以及漫长的诉讼程序，每一个理性的经济人都不会随意对一项专利提起诉讼，除非该项专利的预期价值远远高于其诉讼花费，因此也只有少数专利会涉及专利诉讼。据此，涉诉专利相对于未涉诉专利来说，往往具有更大的价值。本书将从专利是否经过诉讼或者复审程序对某高等院校在不同技术领域专利的稳定性进行简要分析。截至专利检索日期，在某高等院校被授权的1286件专利中仅有3件专利，其中机械工程、照明、加热、武器、爆破技术领域有1件发明专利，物理技术领域有2件专利经历过诉讼或者复审程序，分别占总数的33%、67%。具体情况如图10-31所示。

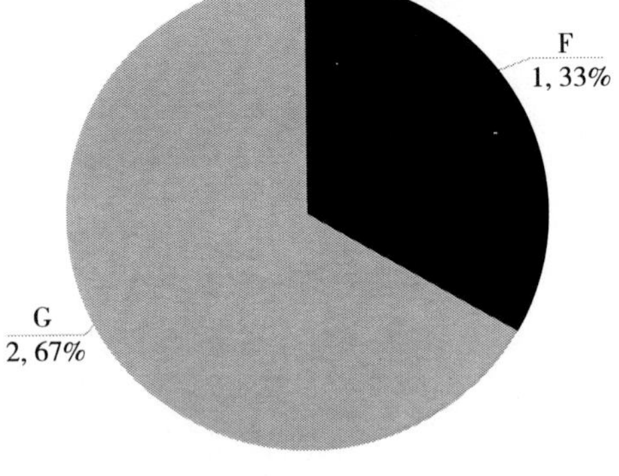

图10-31 不同技术领域发明专利的稳定性分布

10.8 不同技术领域发明专利同族专利数分布

专利族指至少有一个优先权相同的、在不同国家或国际专利组织多次申请、多次公布或批准的内容相同或基本相同的一组专利文献；同一专利族中的每件专利文献被称为专利族成员，简称同族专利。发明创造的拥有者往往可以在不同的地区或国家进行申请，以获得当地专利法律制度的保护。从申请到最终获得授权不仅需要经过当地相关法律规定的烦琐程序，花费较长的时间，而且获得授权后还要对其进行维持。从成本收益理论的角度分析，一般在该项专利拥有较高的潜在价值可以带来丰厚的经济收益时才会对其申请广泛的地域保护。因此，一项专利权的地域保护范围越大，其专利价值相对而言也较大。本书将对某高等院校在不同技术领域内发明专利的专利同族数量分布情况进行简单分析。

10.8.1 发明专利总体同族专利数分布

就某高等院校被授权的1286件发明专利总数来看，申请其他国家或者地区进行专利保护的数量最多不超过8个。除了在中国申请专利外，没有向其他任何国家或者地区申请专利授权的发明专利共362件，占发明专利总数的28.15%。有911件发明专利向2个国家或者地区申请专利保护，占专利总数的70.84%。同族专利申请国家或地区为3时，仅有10件专利，占总数的0.78%。随着同族国家或者地区数量的增加，发明专利数量不断减少，专利族分别是6、7、8时，都分别仅有1件。同族专利申请量反映了一个国家或地区专利创新水平和创新能力，通常情况下只有高水平的技术创新才会申请同族专利。某高等院校绝大部分专利仅向2个国家或者地区申请专利保护，这或许与专利权利保护意识不强、专利创新价值有限有很大关系。具体情况如表10-10所示。

表10-10 发明专利同族专利数量整体分布

拥有的同族专利数	发明专利数量
0	362
2	911
3	10
6	1
7	1
8	1
总计	1286

10.8.2 人类生活需要（A部）技术领域发明专利同族专利数分布

某高等院校在人类生活需要（A部）技术领域获得授权的发明专利中具有同族专利数值只有两种情况，没有同族专利和有2个同族专利。其中人类生活需要技术领域专利总数为54件，共有21件发明专利没有同族专利，占总数的38.89%。当同族专利的数量为2时共33件，占总数的61.11%。具体情况如表10-11所示。

表10-11 人类生活需要（A部）技术领域发明专利同族数分布

拥有的同族专利数	发明专利数量/件
2	33
0	21
总计	54

10.8.3 作业运输（B部）技术领域发明专利同族专利数分布

某高等院校在作业运输（B部）技术领域获得授权发明专利中同族专利数值在0到6之间变化。某高等院校在作业运输技术领域获得授权发明专利总数为471件。当专利同族数量为2时，某高等院校所拥有的专利数量最多，为322件，占总数的68.37%。没有同族专利的发明专利共有141件，排在第二位，占总数的29.94%。当同族专利数为3时，发明专利数量为7件。排在最后的是专利同族为6时的专利数量，仅有1件发明专利。具体情况如表10-12所示。

表10-12 作业运输（B部）技术领域发明专利同族数分布

拥有的同族专利数	发明专利数量/件
2	322
0	141
3	7
6	1
总计	471

10.8.4 固定建筑物（E部）技术领域发明专利同族数分布

某高等院校在固定建筑物（E部）技术领域获得授权的发明专利中，具有同族专利的情况只有两种，即没有同族专利和同族专利数为2。固定建筑物（E部）技术领域获得授权发明专利总数为65件，共有18件发明专利没有同族专利，占总数的27.69%。同族专利数量为2的发明专利共有47件，占总数的72.31%。由此可知，在固定建筑物（E部）技术领域中授权发明专利的同族专利数量为2的发明专利占据固定建筑物（E部）技术领域发明专利总数的绝大部分比例。具体情况如表10-13所示。

表10-13 固定建筑物（E部）技术领域发明专利同族数分布

拥有的同族专利数	发明专利数量/件
2	47
0	18
总计	65

10.8.5 机械工程、照明、加热、武器、爆破（F部）技术领域发明专利同族数分布

某高等院校在机械工程、照明、加热、武器、爆破（F部）技术领域获得授权的发明专利中同族专利数值在0、2、3之间变化。某高等院校在机械工程、照明、加热、武器、爆破技术领域获得授权发明专利总数为172件。当专利同族数量为2时，某高等院校所拥有的发明专利数量最多，为119件，占总数的69.19%。同族专利数量为0时，共有51件专利，排在第二位，占总数的29.65%。排在最后的是专利同族为3时的专利数量，仅有2件专利。由上述分析可知，机械工程、照明、加热、武器、爆破（F部）技术领域大部分专利的同族专利数量为2个，少数专利没有同族专利。具体情况如表10-14所示。

表10-14 机械工程、照明、加热、武器、爆破（F部）技术领域发明专利同族数分布

拥有的同族专利数	发明专利数量/件
2	119
0	51
3	2
总计	172

10.8.6 物理（G部）技术领域发明专利同族数分布

某高等院校在物理（G部）技术领域同族专利数有五种情况，同族专利数分别是0个、2个、3个、7个和8个。某高等院校在物理技术领域获得授权发明专利总数为524件，其中有390件发明专利的同族专利数为2个，占总数的74.43%。共131件发明专利的同族专利数为0，占总数的25.00%。并列排在第三位的是专利同族数量分别为7、8、3的情况，都分别只有1件专利。由此可知在物理技术领域超过一半的专利的同族专利数为2个。

具体情况如表10-15所示。

表10-15　物理（G部）技术领域发明专利同族数分布

拥有的同族专利数	发明专利数量
2	390
0	131
7	1
8	1
3	1
总计	524

10.9　不同技术领域发明专利同族国际申请数分布

本书所说的同族国际申请是指待评专利的同族专利所属国家的数量。通常可认为专利申请的国家数越多，其同族专利数越多，从而说明专利申请人对专利越重视，该专利的价值就越高。尤其是在德、美、日等专利制度发展较为成熟的国家获得授权的专利其价值相对而言较大。本书将从同族国际申请的角度对某高等院校在不同技术领域专利数量分布进行分析。

10.9.1　发明专利总体同族国际申请数分布

某高等院校被授权的1286件专利中只向1个国家进行专利申请的有1274件，占总数的99.07%。同族国际申请的数量为2时，只有9件专利，占总数的0.70%。同族国际申请的数量为5时，某高等院校被授权的专利仅仅只有2件专利，占总数的0.16%。具体情况如图10-32所示。由以上分析可知，某高等院校被授权的专利仅仅只有极少数向其他国家或地区申请了相关专利保护，同族国际申请数量为1时的专利特别多。

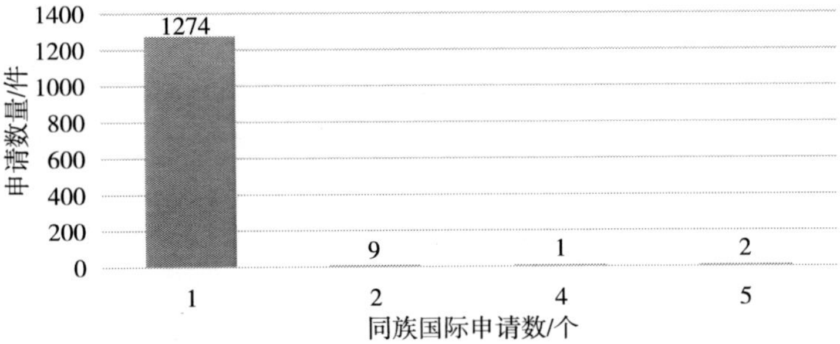

图10-32 发明专利同族国际申请数量整体分布

10.9.2 人类生活需要技术领域发明专利同族国际申请数分布

某高等院校在人类生活需要（A部）技术领域被授权的发明专利同族国际申请数为1的专利数量为54件，即人类生活需要技术领域专利只向中国进行了专利申请，没有再向其他国家或者地区申请同族保护。具体情况如图10-33所示。

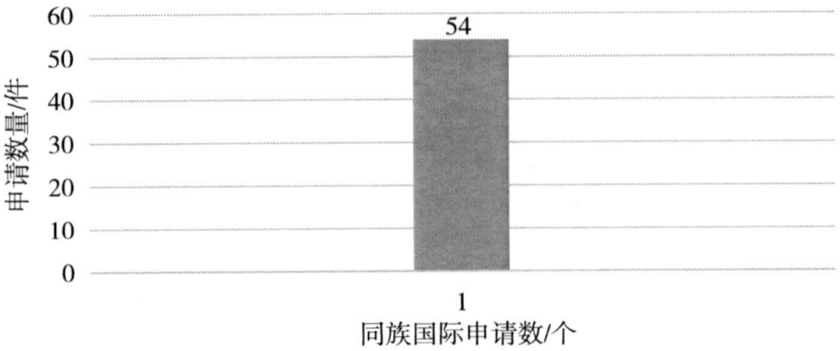

图10-33 人类生活需要（A部）技术领域发明专利同族国际申请数分布

10.9.3 作业运输（B部）技术领域发明专利同族国际申请数分布

某高等院校在作业运输（B部）技术领域被授权的发明专利整体中有部分专利分别向1个、2个、4个国家或者地区申请过专利。同族国际申请数值为1的专利数量最多，为464件，占作业运输技术领域专利整体的98.51%。当同族国际申请数为2个时，专利数量为6件。同族国际申请的数量为4个时，仅有1件。即B技术领域大部分专利只向中国进行了专利申请，没有再向其他国家或者地区申请同族保护；少数专利申请了2个国家或者地区的专利保护。具体情况如图10-34所示。

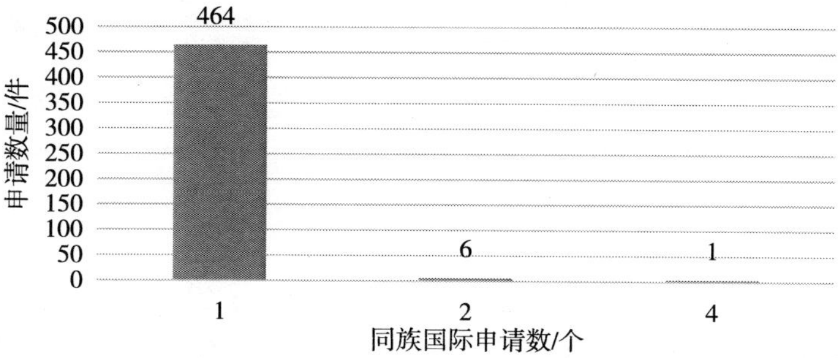

图10-34 作业运输（B部）技术领域发明专利同族国际申请数分布

10.9.4 固定建筑物（E部）技术领域发明专利同族国际申请数分布

某高等院校在固定建筑物（E部）技术领域被授权的发明专利同族国际申请数为1的专利数量为65件，即固定建筑物技术领域专利只向中国进行了专利申请，没有再向其他国家或者地区申请同族保护。具体情况如图10-35所示。

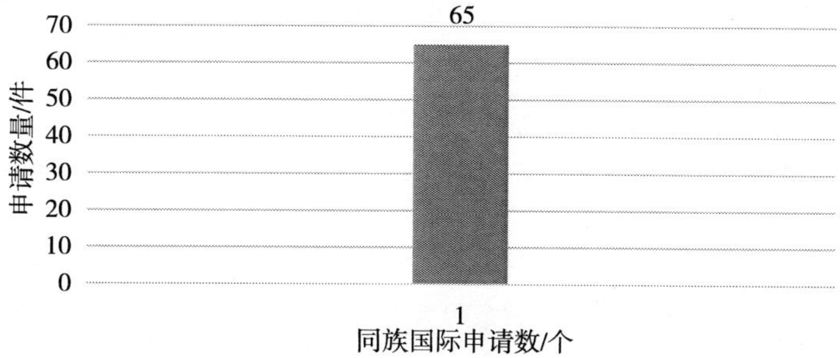

图10-35 固定建筑物（E部）技术领域发明专利同族国际申请数分布

10.9.5 机械工程、照明、加热、武器、爆破（F部）技术领域发明专利同族国际申请数分布

某高等院校在机械工程、照明、加热、武器、爆破（F部）技术领域

被授权的发明专利同族国际申请数为1的专利数量为170件，占机械工程、照明、加热、武器、爆破技术领域授权专利总数的98.84%。当同族国际申请的数量为2个时，仅有2件专利。由上述分析可知，某高等院校在机械工程、照明、加热、武器、爆破技术领域获得授权的大部分发明专利只向中国进行了专利申请，没有再向其他国家或者地区申请同族保护。具体情况如图10-36所示。

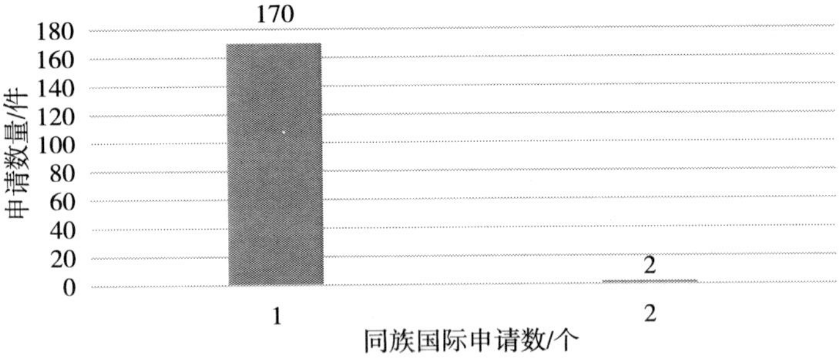

图10-36　机械工程、照明、加热、武器、爆破（F部）技术领域发明专利同族国际申请数分布

10.9.6　物理（G部）技术领域发明专利总体同族国际申请数分布

某高等院校在物理（G部）技术领域被授权的发明专利整体中有部分专利分别向1个、2个、5个国家或者地区申请过专利。同族国际申请数值为1的专利数量最多，为521件，占物理技术领域专利整体的99.43%。当同族国际申请数为2个时，专利数量为1件。同族国际申请的数量为5个时，仅有2件。即物理技术领域专利极大部分专利只向中国进行了专利申请，没有再向其他国家或者地区申请同族保护。少数专利申请了5个国家或者地区专利保护。具体情况如图10-37所示。

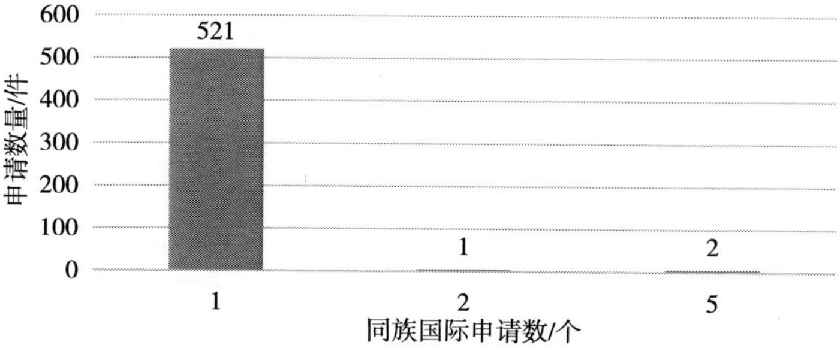

图10-37 物理（G部）技术领域发明专利同族国际申请数分布

10.10 不同技术领域发明专利权利要求数分布

专利权利要求的内容及其数量不仅反映了专利权人的技术创新能力，也能够较好地反映一个国家或者地区的技术创新水平。Nerkar等认为专利包含的权利要求数越多，知识产权的价值也越大。为了掌握某高等院校被授权专利所含有的知识权利价值及技术创新水平，本书将从权利要求数的角度分析某高等院校在不同技术领域的专利数量分布情况。

10.10.1 发明专利总体权利要求数分布

根据统计到的高等院校被授权的专利数据来看，发明专利总体上权利要求数量主要集中在1到12之间，当权利要求数为1时，共71件专利，占总数的5.52%。当权利要求数为12时，共2件专利，占总数的0.16%。当权利要求数为6时，某高等院校被授权的专利数量最多，共168件，占总数的13.06%。总共有709件专利的权利要求数小于等于6，这一数据占总数的55.13%。具体情况如图10-38所示。由上述分析可知，某高等院校被授权的专利整体上超过一半的专利的权利要求数低于6，专利保护宽度较宽。

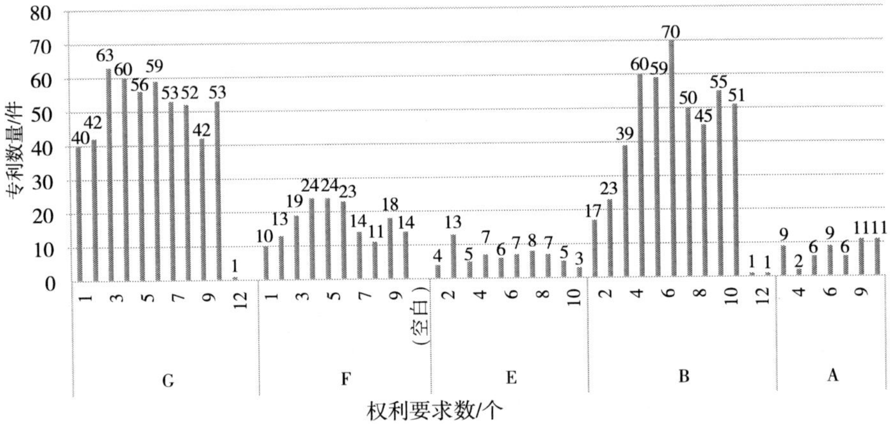

图10-38　发明专利权利要求数量整体分布

10.10.2　人类生活需要（A部）技术领域发明专利权利要求数分布

某高等院校在人类生活需要（A部）技术领域被授权的发明专利的权利要求数在2到10之间变化，但也有例外，比如在权利要求数为3、7时，人类生活需要技术领域的专利数量为0件。当权利要求数是分别是9、10时，专利数量最多，都有11件专利，占授权专利总数的20.37%。当权利要求数是6时，被授权的专利数量为9件，占专利总数的16.67%。权利要求数是4时的专利数量最少，仅有2件专利。由上述分析可知，某高等院校在人类生活需要技术领域的专利权利要求数相对较多。具体要求如图10-39所示。

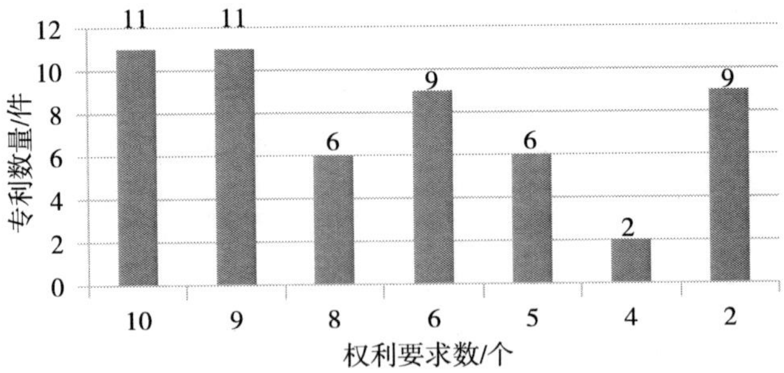

图10-39　人类生活需要（A部）技术领域发明专利权利要求数分布

10.10.3 作业运输（B部）技术领域发明专利权利要求数分布

在作业运输（B部）技术领域某高等院校被授权的发明专利的权利要求数在1到12之间变化，但是就专利数量分布的集中程度来看，专利权利要求数主要集中在3到10之间。当权利要求数是6时，专利数量最多，有70件专利，占授权专利总数的14.86%。排在第二位的是权利要求数为4时，被授权的专利数量为60件，占专利总数的12.74%。权利要求数是5时的专利数量排在第三位，仅有59件专利。权利要求数分别是11、12的专利数量最少，仅有1件专利。由图10-40可知，某高等院校在作业运输（B部）技术领域的专利权利要求数量分布相对集中，专利保护宽度跨度较大。

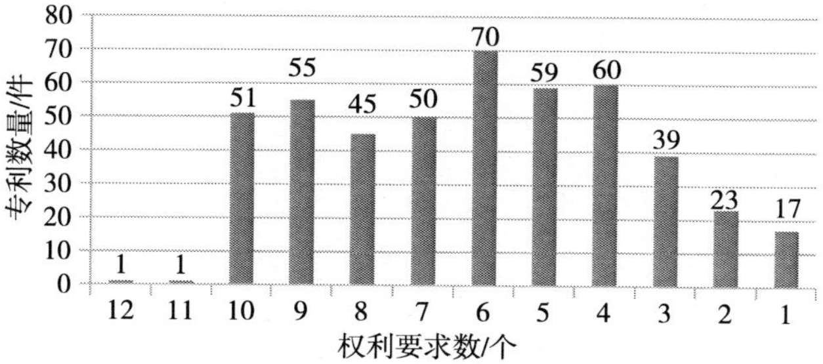

图10-40 作业运输（B部）技术领域发明专利权利要求数分布

10.10.4 固定建筑物技术领域发明专利权利要求数分布

某高等院校在固定建筑物（E部）技术领域被授权的发明专利的权利要求数在1到10之间变化，不论权利要求数如何变化，都有相对应的专利数量分布。当权利要求数是2时，发明专利数量最多，有13件专利，占授权专利总数的20%。当权利要求数是7时，被授权的专利数量为8件，占专利总数的12.31%。权利要求数是4、6、8的专利数量排在第三位，仅有7件专利。排在最后一位的是权利要求数是10的专利数量，仅有3件专利，占专利总数的4.61%。具体情况如图10-41所示。

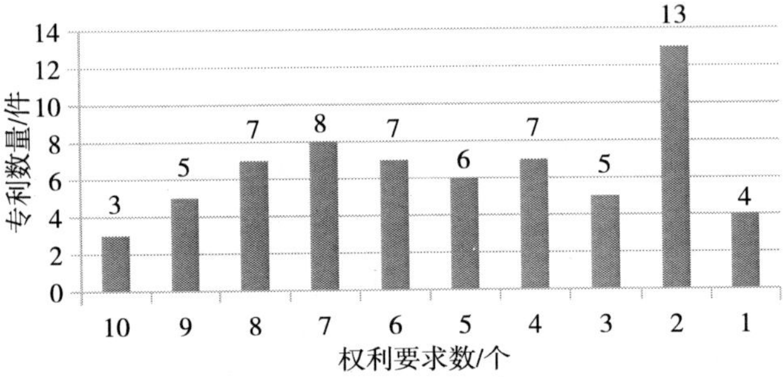

图10-41　固定建筑物技术领域（E部）发明专利权利要求数分布

10.10.5　机械工程、照明、加热、武器、爆破（F部）技术领域发明专利权利要求数分布

在机械工程、照明、加热、武器、爆破（F部）技术领域某高等院校被授权的发明专利的权利要求数在1到10之间变化，不论权利要求数如何变化，都有相对应的专利数量分布。当权利要求数分别是4、5时，专利数量并列最多，都有24件专利，占授权专利总数的13.95%。当权利要求数是3时，被授权的专利数量为19件，占专利总数的11.05%。权利要求数是9的专利数量排在第三位，仅有18件专利。排在最后一位的是权利要求数是1的专利数量，仅有8件专利，占专利总数的4.65%。具体情况如图10-42所示。

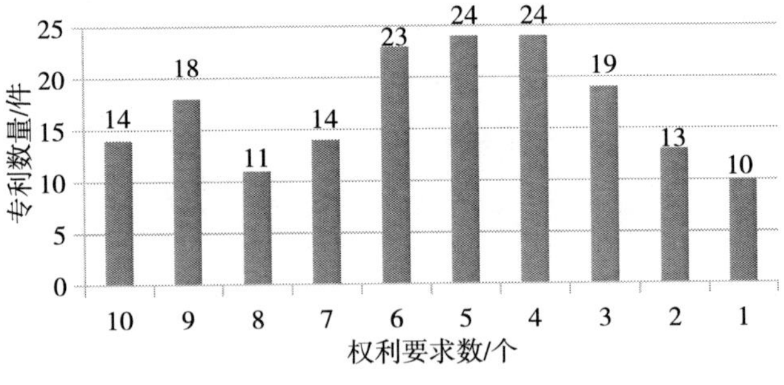

图10-42　机械工程、照明、加热、武器、爆破（F部）技术领域发明专利权利要求数分布

10.10.6　物理（G部）技术领域发明专利权利要求数分布

某高等院校在物理（G部）技术领域被授权的发明专利的权利要求数在1到12之间变化，但是就专利数量分布的集中程度来看，专利权利要求数主要集中在1到10之间。当权利要求数是3时，专利数量最多，有63件专利，占授权专利总数的12.02%。排在第二的是当权利要求数为4时，被授权的专利数量为60件，占专利总数的11.45%。权利要求数是6时的专利数量排在第三位，仅有59件专利，占总数的11.26%。权利要求数是12的专利数量最少，仅仅只有1件专利。具体情况如图10-43所示。

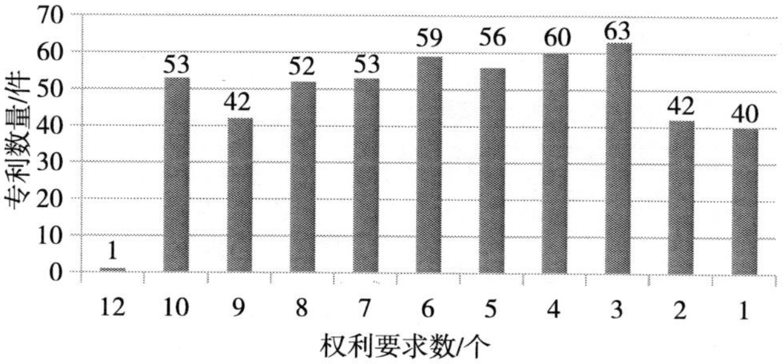

图10-43　物理（G部）技术领域发明专利权利要求数分布

10.11　发明专利技术领域主分类分布

同一专利申请具有若干个分类号时，第一个称为主分类号。如一项外观产品有两个或者两个以上的用途的产品组合时，审查员就会给出与其用途相应的多个分类号。该主要用途所确定的分类号为主分类号，以次要用途确定的分类号为副分类号。本书将从专利技术领域主分类号数量的分布情况来分析某高等院校在各个技术领域专利的技术价值。

10.11.1　发明专利技术领域主分类总体布局

由统计的专利数据来看，某高等院校被授权专利总体上涵盖的专利技术主分类号比较多，其中主分类号为G01时专利数量最多，共262件，占总数的20.37%。主分类号为B01时，专利数量排在第二位，共168件，占总数的13.06%。G06紧跟其后，共164件专利，占总数的12.75%。主分类号为B29时，专利数量也比较可观，共55件。具体情况如表10-16所示，当主分类号为其他情况时，专利数量极少，不再做详细分析。

表10-16 发明专利技术领域主分类号总体分布

发明专利所属主分类号	发明专利数量	发明专利所属主分类号	发明专利数量
G01	262	F03	7
B01	168	B67	7
G06	164	B61	7
B29	55	B24	6
A01	54	G07	5
B23	50	B09	5
B22	43	F02	5
G05	37	G02	5
F21	31	B63	5
F28	28	B07	5
F16	25	F01	5
E01	25	F04	4
G08	24	B08	4
E04	24	B03	3
B60	20	G12	3
F25	19	F26	3
F24	17	E21	3
B21	15	F15	2
B25	14	B28	2
G09	13	F27	2
F23	13	G11	1
F17	11	E06	1

续表

发明专利所属主分类号	发明专利数量	发明专利所属主分类号	发明专利数量
E02	11	B43	1
B65	10	B30	1
B32	10	B06	1
B02	10	B26	1
G10	10	B64	1
B41	10	B66	1
B62	8	E03	1
B05	8	总计	1286

10.11.2　人类生活需要技术领域发明专利主分类布局

某高等院校在人类生活需要技术领域中的专利主要属于A01大类，因此本书仅对该领域发明专利的价值进行评估，选取的该技术领域发明专利全部属于A01大类，共计54件，如图10-44所示。

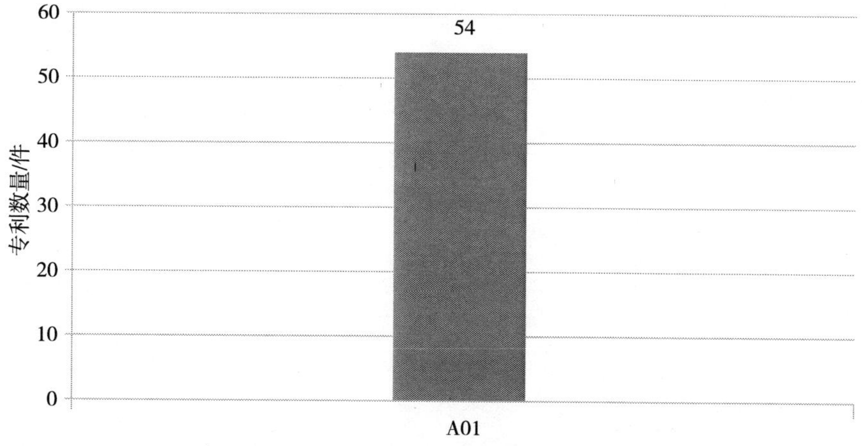

图10-44　人类生活需要（A部）技术领域发明专利技术领域主分类布局

10.11.3　作业运输技术领域发明专利技术领域主分类布局

某高等院校在作业运输（B部）技术领域被授权的发明专利共有471

件，涵盖了28个主分类号。按照每个主分类号下的专利数量分布进行排序，B01主分类号下的专利数量共168件，占专利总数的35.67%。排在第二位的是B29，涵盖的专利数量为55件，占专利总数的11.68%。排在第三位的是B23，专利数量仅有50件。B26主分类号下的专利数量最少，仅有1件专利。具体情况如表10-17所示。由此可以说明某高等院校在作业运输技术领域被授权的发明专利涉及的专利主分类号比较多，但每个主分类号下的专利数量差值较大，专利分布不十分均匀。

表10-17　作业运输（B部）技术领域发明专利技术领域主分类布局

发明专利所属主分类号	发明专利数量	发明专利所属主分类号	发明专利数量
B01	168	B67	7
B29	55	B24	6
B23	50	B63	5
B22	43	B09	5
B60	20	B07	5
B21	15	B08	4
B25	14	B03	3
B65	10	B28	2
B41	10	B64	1
B32	10	B30	1
B02	10	B66	1
B05	8	B06	1
B62	8	B43	1
B61	7	B26	1
总计	471		

10.11.4　固定建筑物（E部）技术领域发明专利技术领域主分类布局

在固定建筑物（E部）技术领域某高等院校被授权的发明专利共有65件，涵盖了6个主分类号。按照每个主分类号下的专利数量分布进行排序，E01主分类号下的专利数量共25件，占专利总数的38.46%。排在第二位的是E04，涵盖的专利数量为24件，占专利总数的36.92%。排在第三位的是E02，专利数量仅有11件。E03主分类号下的专利数量最少，仅有1件专利。具体情况如图10-45所示。由此可以说明某高等院校在固定建筑物技术领域被授权的发明专利涉及的专利主分类号比较多，且每个主专利分类号下的专利数量差值并不十分大。

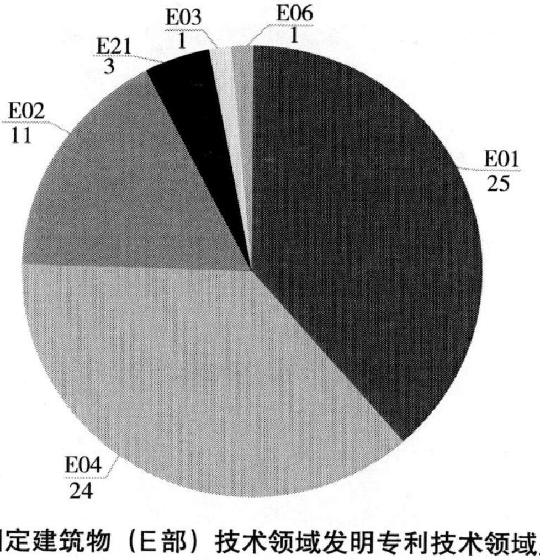

图10-45　固定建筑物（E部）技术领域发明专利技术领域主分类布局

10.11.5　机械工程、照明、加热、武器、爆破（F）技术领域发明专利技术领域主分类布局

某高等院校在机械工程、照明、加热、武器、爆破（F部）技术领域被授权的发明专利共有172件，涵盖了14个主分类号。按照每个主分类号下的专利数量分布进行排序，F21主分类号下的专利数量共31件，占专利总数的18.02%。排在第二位的是F28，涵盖的专利数量为28件，占专利总数的

16.28%。排在第三位的是F16，专利数量仅有25件。排在第四位的是F25主分类号下的专利数量，仅有19件专利。专利数量最少的主分类号是F15，仅有2件专利。具体情况如图10-46所示。由此可以说明某高等院校在机械工程、照明、加热、武器、爆破技术领域被授权的发明专利涉及的专利主分类号比较多，且每个主专利分类号下的专利数量差值并不十分大。

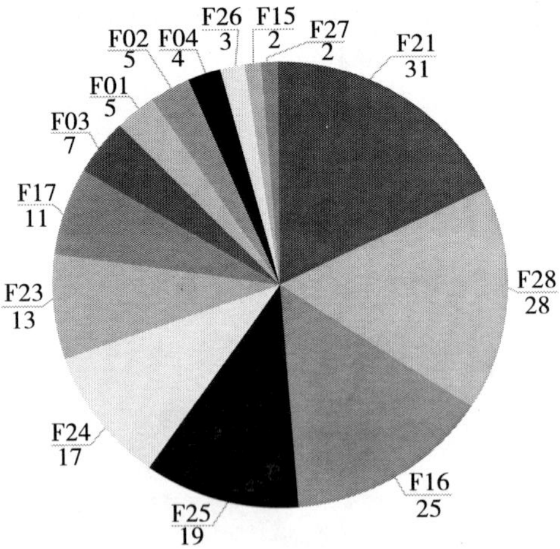

图10-46　机械工程、照明、加热、武器、爆破（F部）技术领域发明专利技术领域主分类布局

10.11.6　物理（G部）技术领域发明专利技术领域主分类布局

在物理（G部）技术领域某高等院校被授权的发明专利共有524件，涵盖了10个主分类号。按照每个主分类号下的专利数量分布进行排序，排在第一位的是G01主分类号下的专利数量，共262件，占专利总数的50.00%。排在第二位的是G06，涵盖的专利数量为164件，占专利总数的31.30%。排在第三位的是G05，专利数量仅有37件。排在第四位的是G08主分类号下的专利数量，仅有24件专利。专利数量最少的主分类号是G11，仅有1件专利。具体情况如图10-47所示。由此可以说明某高等院校在物理技术领域被授权的发明专利涉及的专利主分类号比较多，且每个主专利分类号下的专利数量差值差距非常大。

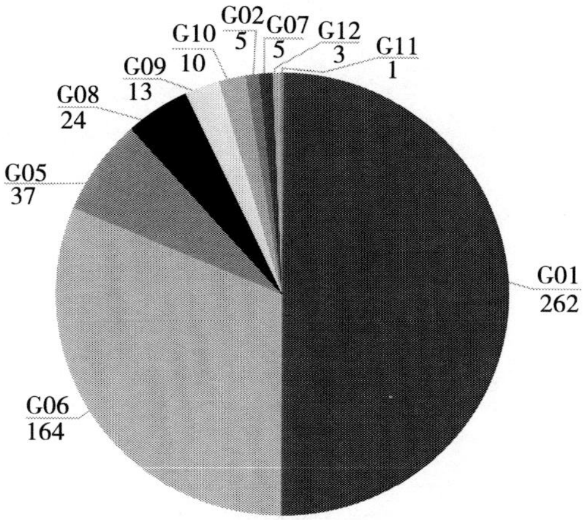

图10-47　物理（G部）技术领域发明专利技术领域主分类布局

10.12　发明专利技术领域分类号数量分布

本书用专利技术分类号数量代表了技术覆盖范围，即待评专利所属的国际专利分类号的数量，该数量越大，覆盖范围越广，技术创新水平就越高。为了了解某高等院校在不同技术领域被授权专利技术价值，本书将从技术领域分类号的数量角度进行简单分析。

10.12.1　发明专利技术领域分类号总体数量分布

由所统计的专利数据来看，某高等院校获得授权的发明专利技术领域分类号数量基本集中在1到13之间，其中当专利分类号为1时，发明专利数量最多，共有491件，占授权发明专利总数的38.18%。排在第二位的是分类号数量为2的发明专利数量，共381件，占授权专利总数的29.63%。分类号数量为3的专利数量排在第三位，共195件专利，占总数的15.16%。专利数量并列最少的是专利分类号分别为10、11、13，都是1件专利。具体情况如图10-48所示。由上述分析可知，某高等院校被授权专利总体上技术领域分类号数值低于3，也就是说技术领域覆盖范围比较小。

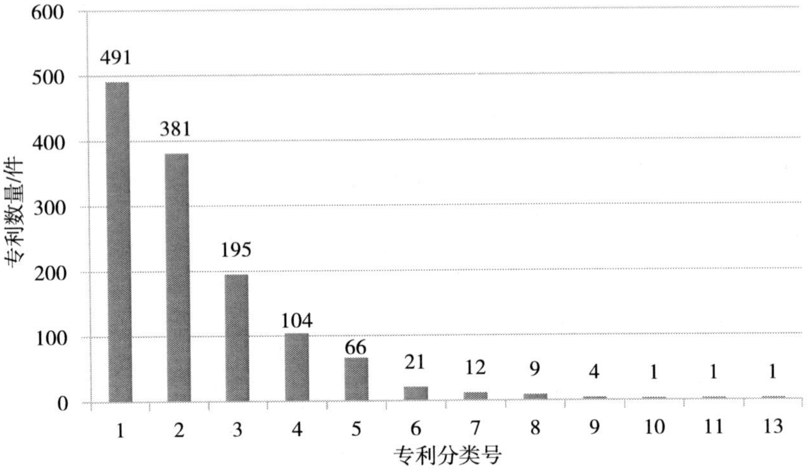

图10-48　发明专利技术领域分类号总体数量分布

10.12.2　人类生活需要（A部）技术领域发明专利技术领域分类号数量分布

某高等院校在人类生活需要（A部）技术领域被授权的发明专利最少涵盖1个技术领域分类号，最多9个分类号。由图10-49可知，技术领域分类号的数量为5时，专利数量最多，共25件，占总数的46.30%。排在第二位的是技术领域分类号为4的专利数量，共14件，占总数的25.93%。技术领域分类号为8或者9的专利数量最少，仅有1件专利。可以说某高等院校在人类生活需要技术领域，专利数量随着技术领域分类号数量增多而减少。

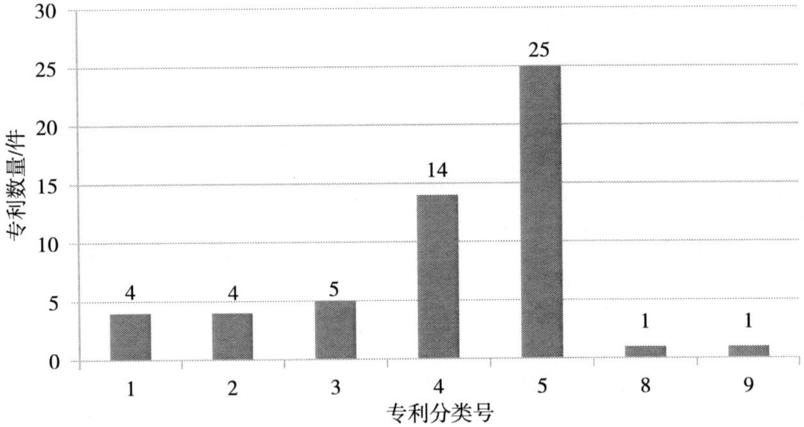

图10-49　人类生活需要（A部）技术领域发明专利技术领域分类号数量分布

10.12.3　作业运输（B部）技术领域发明专利技术领域分类号数量分布

在作业运输（B部）技术领域某高等院校获得授权的发明专利涵盖的技术领域分类号数量在1到13之间变化。其中分类号数量为2时，其专利数量最多，共143件，占总数的30.36%。排在第二位的是技术领域分类号为1的专利数量，共132件，占总数的28.03%。技术领域分类号为3的专利数量也比较可观，共有82件专利。技术领域分类号大于10时，专利数量最少，仅有3件专利。具体情况如图10-50所示。由上述分析可知，某高等院校在作业运输技术领域，技术领域分类号的数量越少，专利数量越多。

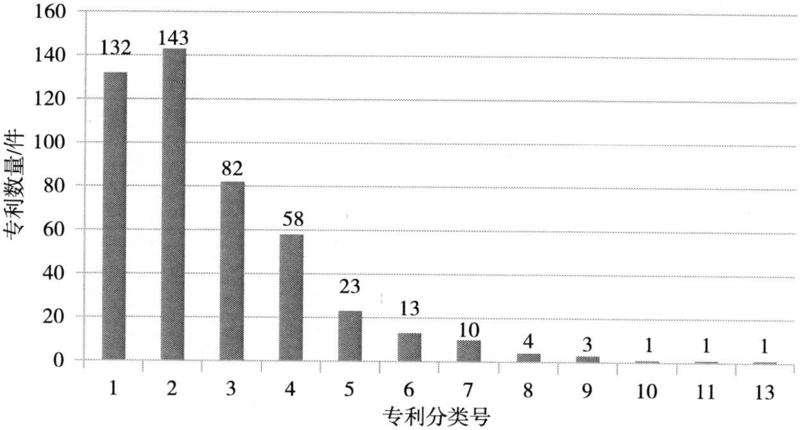

图10-50　作业运输（B部）技术领域发明专利技术领域分类号数量分布

10.12.4　固定建筑物（E部）技术领域发明专利技术领域分类号数量分布

某高等院校在固定建筑物（E部）技术领域被授权的发明专利最少涵盖1个技术领域分类号，最多涵盖6个分类号。如图10-51可知，技术领域分类号的数量为1时，专利数量最多，共25件，占总数的38.46%。排在第二位的是技术领域分类号为2的专利数量，共21件，占总数的32.31%。技术领域分类号为6的专利数量最少，仅有1件专利。可以说某高等院校在固定建筑物技术领域，专利数量随着技术领域分类号数量变大而减少。

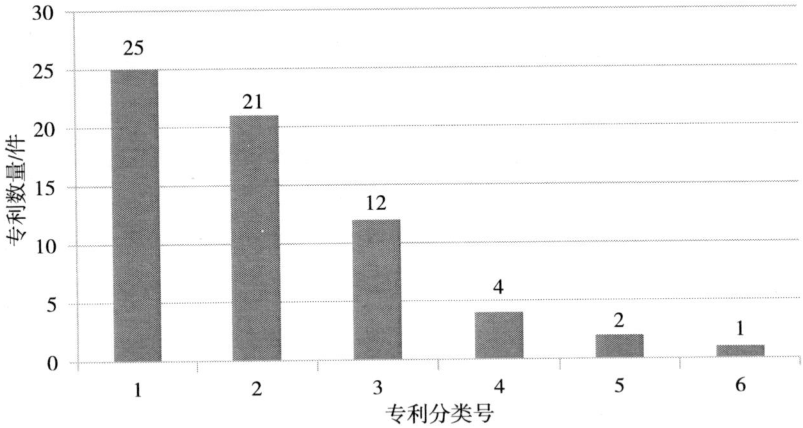

图10-51　固定建筑物（E部）技术领域发明专利技术领域分类号数量分布

10.12.5　机械工程、照明、加热、武器、爆破（F部）技术领域发明专利技术领域分类号数量分布

在机械工程、照明、加热、武器、爆破（F部）技术领域某高等院校被授权的发明专利涵盖的技术领域分类号数量在1到8之间变化。其中分类号数量为1时，其专利数量最多，共63件，占总数的36.63%。排在第二位的是技术领域分类号为2的专利数量，共40件，占总数的23.26%。技术领域分类号为3的专利数量也比较可观，共有33件专利。技术领域分类号分别为7、8时，专利数量最少，分别仅有2件、3件专利。具体情况如图10-52所示。由上述分析可知某高等院校在机械工程、照明、加热、武器、爆破技术领域，技术领域分类号的数量越小，专利数量越多。

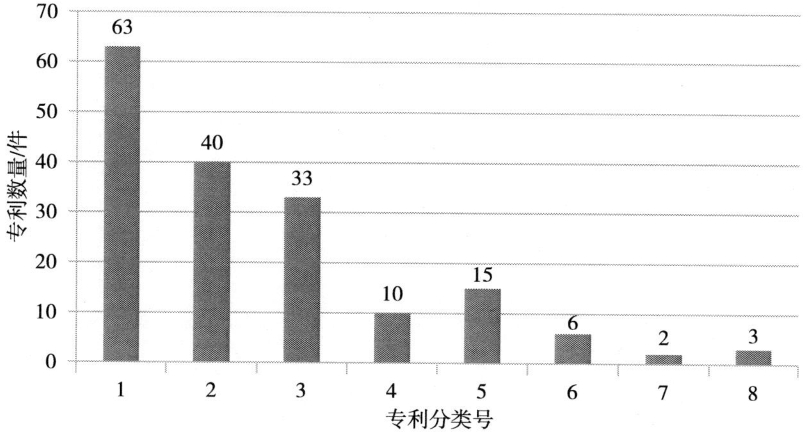

图10-52 机械工程、照明、加热、武器、爆破（F部）技术领域发明专利技术领域分类号数量分布

10.12.6 物理（G部）技术领域发明专利技术领域分类号数量分布

某高等院校在物理（G部）技术领域被授权的发明专利最少涵盖1个技术领域分类号，最多8个分类号。如图10-53可知，技术领域分类号的数量为1时，专利数量最多，共267件，占总数的50.95%。排在第二位的是技术领域分类号为2的专利数量，共173件，占总数的33.02%。技术领域分类号分别为5、6、8的专利数量最少，仅分别有1件专利。可以说某高等院校在物理技术领域，专利数量随着技术领域分类号数量变大而减少。

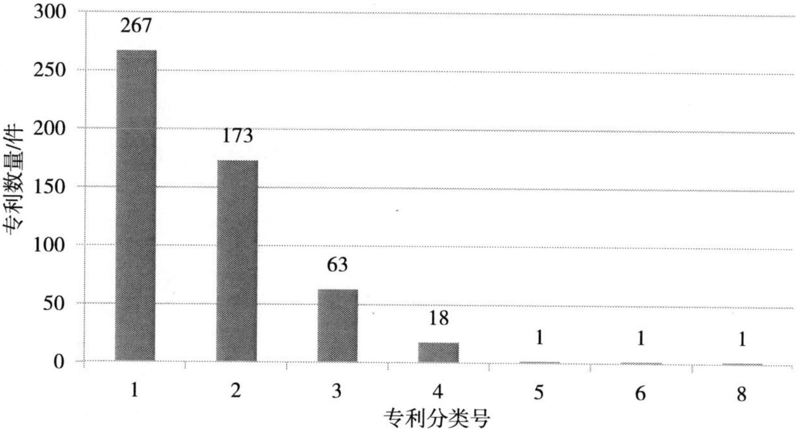

图10-53 物理（G部）技术领域发明专利技术领域分类号数量分布

11 某高等院校不同技术领域发明专利价值评估

11.1 某高等院校农业、林业和畜牧业等（A01）技术领域发明专利价值评估

11.1.1 农业、林业和畜牧业等（A01）技术领域发明专利价值整体分析

某高等院校在农业、林业、畜牧业、狩猎、诱捕、捕鱼（A01）大类中的专利（以下简称“某高等院校A01大类专利”）共计54件，专利价值平均分值为69.39分，在不同领域专利中得分最高。其技术价值度、经济价值度和法律价值度三个二级指标的平均分值分别为18.58、13.55和37.26。除经济价值度在不同领域专利的对比中处于较低水平，其余两项平均分值均处于高位，尤其是法律价值度在不同领域专利中居于首位。此外，就各项专利价值得分在某一领域中的离散程度而言，A01大类的专利价值评分较之其他领域更为集中，这点可以通过计算变异系数得知。通过对比前文与其他技术领域中对应的价值分值分布也可得出这一结论，其原因一方面在于样本选取的差别，在评估专利价值时，与在人类生活必需（A部）中选取A01大类不同，其他技术领域均以“部”为单位，选取该部全部专利为评估对象，致使A01大类专利数量远低于其他技术领域；另一方面则直接说明某高等院校对A01大类专利的创造、申请、保护、运营和管理等过程中采取了较为一致的策略与手段。某高等院校A01大类专利价值分值情况如图11-1所示。

观察图11-1发现，某高等院校A01大类专利价值的分布并未显示出明显的正态分布特征，这一点与作业运输技术领域发明不同。但其分布也并非没有规律可循，可以发现，专利的数量随着价值度分值的提升呈现出“上升—下降—上升—下降”的“M”型变化趋势，只是在第二个波峰处出现了一个极为明显的上升。

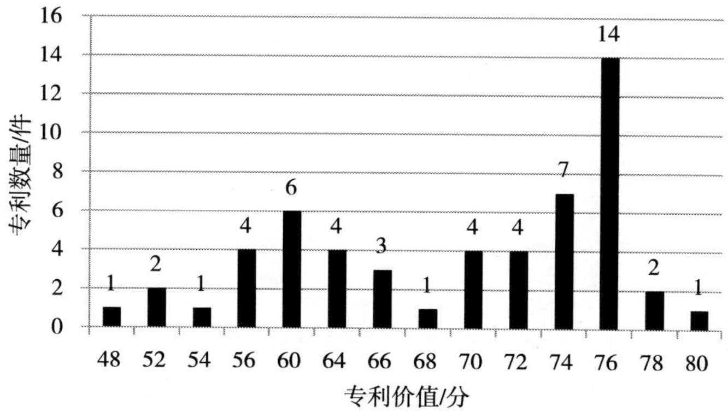

图11-1 农业、林业、畜牧业、狩猎、诱捕、捕鱼（A01）大类专利价值分布

具体而言，某高等院校A01大类专利价值呈现出以下特征：第一，分数跨度较其他技术领域更小，价值度最大值与最小值之间的差距为32分，在五个技术领域中最小。第二，两个表征数量的波峰分别出现在60分和76分的区间内。第三，价值度评分为76分所对应的专利数量明显高于其他分值所对应的专利数量，是60分对应的专利数量的一倍以上。仅就趋势及不同分值对应的专利数量之间的比例而言，上述特征的原因将具有十分重要的探讨意义。然而由于这种比例的“不自然”在很大程度上是由某高等院校A01大类专利整体数量较少造成的，以上述第三个特征为例，虽然两个分值波峰对应的专利数量比例很高，但实际数量之间仅相差6项，这在其他技术领域中几乎可以忽略不计，因此仅作简单介绍和分析。

11.1.2 农业、林业和畜牧业等（A01）技术领域发明专利价值分段分析

为了更加清晰地了解某高等院校农业、林业和畜牧业、狩猎、诱捕、

捕鱼（A01）大类专利价值的具体情况，以及探讨图11–1中出现的较为明显的分值分布特征，同时对影响专利价值水平的各项三级指标进行详细分析，将专利分值划分为三个分数段，即48~60分低分数段、61~70分中分数段和71~80分高分数段。各分数段专利三级指标平均分值见表11–1。

表11–1 某高等院校农业、林业、畜牧业、狩猎、诱捕、捕鱼（A01）大类发明专利三级指标平均分值

指标	高	中	低
发明人数量	0.8	0.6	1.0
第一发明人	17.5	10.0	3.0
技术覆盖范围	7.6	7.3	0.0
技术关联度	0.6	0.0	1.0
行业发展趋势	10.0	10.0	10.0
审查时间	8.6	9.1	7.3
专利许可	1.3	0.0	0.0
权利转移	0.6	0.0	0.0
同分类号专利数	5.6	5.3	4.3
剩余经济寿命	15.9	16.9	15.5
同族专利数	3.0	1.1	2.5
权利要求数	16.9	9.4	7.5
代理机构能力	18.8	18.3	15.0
维持时间	5.8	4.9	6.3
多国申请	0.0	0.0	0.0
稳定性	20.0	20.0	20.0
技术价值度	21.2	17.8	9.7
经济价值度	14.7	11.9	11.8
法律价值度	39.6	34.2	33.3
总平均分	75.5	63.9	54.8

某高等院校A01大类专利依据专利价值总平均分划分为高、中、低三个分数段，其中各分数段的专利数量分别为高分数段专利34件，中分数段

专利14件，低分数段专利8件。可见，某高等院校A01大类专利中一半以上均处于高分数段，处于低分数段的专利数量仅为总数的1/7。根据表11-1，三个分数段由高到低的总平均分差值均为10分左右，整体较为集中。在各项三级指标中，与总分的趋势相一致，在三个分数段内评分由高到低地包括第一发明人能力、技术覆盖范围、同分类号专利数、权利要求数以及代理机构能力。而在这六项指标中，又以第一发明人能力和权利要求数最为突出，其分值在三个分数段内相差较大，其余四项的分值相差很少。除此之外，诸如行业发展趋势、多国申请及稳定性等指标，其在三个分数段中的评分完全一致，说明在某高等院校A01大类专利中，此类指标对专利价值并不产生影响。另外，其余并未体现出明显特征的三级指标，其在三个分数段中的评分差值也非常小，说明这些指标对专利价值的影响十分有限。还有一点特征需要说明，即在专利许可与权利转移两项三级指标中，只有高分数段的平均分高于零分，说明专利的转化利用无疑是提升经济价值度的有效手段。由此可以得出结论：在各项三级指标中，对某高等院校A01大类专利的专利价值产生影响的指标包括第一发明人能力、技术覆盖范围、同分类号专利数、权利要求数以及代理机构能力，其中又以第一发明人能力及权利要求数为主。

三项二级指标中，法律价值度分值最高，技术价值度居中，经济价值度最低，且三者之间分值差距较大。横向来看，法律价值度对总价值度的贡献率最高，而经济价值度对总价值度的贡献率最低。具体到三级指标，第一发明人能力、剩余经济寿命、代理机构能力和稳定性对总价值度的贡献率更高。结合专利价值评估的赋值体系和实际情况，对于某高等院校A01大类专利而言，发明人的能力在专利价值的水平中起到关键作用。

11.1.3　农业、林业和畜牧业等（A01）技术领域发明专利价值最高五件专利分析

为进一步了解各项指标在专利价值中的重要程度以及具有代表性的专

利的各项指标得分情况，下面将选取高分数段中评分最高的五件专利以及低分数段中评分最低的五件专利，对其各指标评分情况制作雷达图（如图11-2所示）。

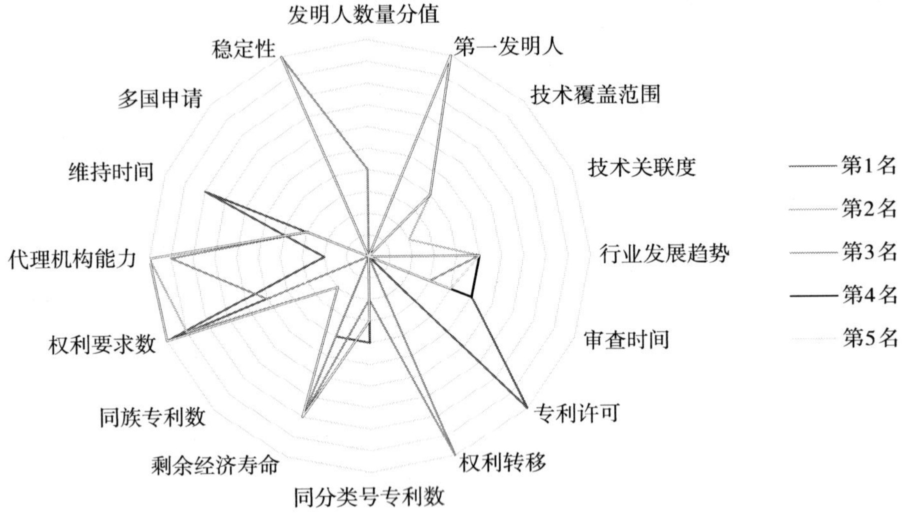

图11-2　某高等院校A01大类专利价值前五位各指标评分

图11-2展示了某高等院校A01大类专利中专利价值评分居于前五位的专利在各项指标中的得分情况。结合前述分析，并结合图11-1可以发现几点特征：第一，高价值专利在行业发展趋势、剩余经济寿命、权利要求数和代理机构能力等方面具有一致性，表现为雷达图上重合点的数量较多。其中剩余经济寿命和权利要求数是分数较高且评分较为一致的三级指标。第二，高质量专利在发明人数量、技术关联度、同分类号数量、同族专利数和多国申请等指标的评分中分数较低，只有某一项或两项专利在其中的分数较高。这一结论与专利所属领域具有一定联系。A01大类是农业、林业、畜牧业、狩猎、诱捕、捕鱼方面的发明，具有十分强烈的应用性和实践性。不同于物理、化学、电子等领域的高技术性、基础性，A01大类的专利更加贴近生活，其发明更多源自生活实践，同时与日常生产劳作的关系更加紧密，因此在表征技术发展程度的技术关联度、同族专利等指标上

表现一般。这里需要提出的是，如此类专利应该更容易面向市场，因为其较强的应用性可以直接用于日常使用，但评估显示，某高等院校A01大类专利的经济价值度较低，这一点需要进一步分析探讨。针对此类专利，应加大转移转化力度，提升市场化水平。

11.1.4　农业、林业和畜牧业等（A01）技术领域发明专利价值最低五件专利分析

与专利价值居于前五位的表现不同，居于末五位的专利在各项指标的评分中均处于较低的水平（如图11-3所示）。

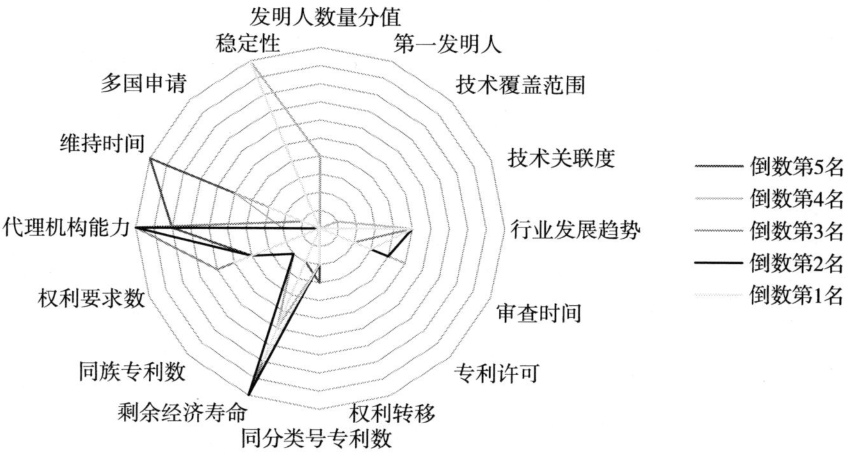

图11-3　某高等院校A01大类专利价值末五位各指标评分

分析图11-3发现，末五位专利在行业发展趋势、剩余经济寿命、代理机构能力和稳定性等指标上的评分较高，而在第一发明人能力、技术覆盖范围、专利许可、专利转移、同族专利数和多国申请等指标上的评分较低。在这些指标中，有些指标诸如行业发展趋势、多国申请及稳定性等已被证明对专利的价值度几乎不产生影响，因此不再赘述。需要引起关注的是高价值专利和低价值专利之间存在的明显区别。结合图11-2和图11-3发现，这些明显区别为第一发明人能力、技术覆盖范围和权利要求数。通过上述分析已经得知，A01大类专利的实践性与应用性较强，因此第一发

明人能力对专利价值的影响可以解释为：高价值专利的发明人长期从事某一发明创造的研究，在该大类下的某一细分领域具有长期的时间经验，因此其创造的专利更具技术价值。同样的，技术覆盖范围越广，说明专利能够应用的领域和行业越多，高价值专利较强的应用性适应了这一特征。而权利要求数在高价值专利和低价值专利中的区别则来自专利本身的特性。

11.1.5 农业、林业和畜牧业等（A01）技术领域发明专利价值分布特征

在对某高等院校农业、林业、畜牧业、狩猎、诱捕、捕鱼（A01）大类专利的专利价值进行了整体分析和具体分析之后，可以得到以下结论：首先，某高等院校A01大类专利价值的分布并未显示出明显的正态分布特征，专利的数量随着价值度分值的提升呈现出“上升—下降—上升—下降”的“M”型变化趋势，只是在第二个波峰处出现了一个极为明显的上升。其次，三项二级指标中，法律价值度分值最高，技术价值度居中，经济价值度最低，且三者之间分值差距较大。再次，在各项三级指标中，对专利价值产生影响的指标包括第一发明人能力、技术覆盖范围、同分类号专利数、权利要求数以及代理机构能力，其中又以第一发明人能力及权利要求数为主。最后，高价值专利和低价值专利之间存在的最明显区别为第一发明人能力、技术覆盖范围和权利要求数。

11.1.6 农业、林业和畜牧业等（A01）技术领域发明专利价值的具体分布

表11-2选取20个隶属农业、林业、畜牧业、狩猎、诱捕、捕鱼（A01）类的发明专利，对其具体的专利价值评分进行列举。

表11-2 农业、林业、畜牧业、狩猎、诱捕、捕鱼（A01）类专利价值具体分布

序号	申请号	专利名称	专利价值
1	CN200510******.5	一种利用造纸污泥与纸浆生产的人工植被基质及其制备方法	80.4377

续表

序号	申请号	专利名称	专利价值
2	CN200710******.0	改性木质素磺酸盐农药分散剂及其制备方法	54.2786
3	CN201010******.5	稚鲍养殖方法	77.1943
4	CN201010******.5	一种节能减排的九孔鲍育苗方法	77.5715
5	CN201010******.X	节能减排的鲍鱼育苗方法	76.1305
6	CN201010******.4	一种节水型的九孔鲍育苗方法	76.3394
7	CN201010******.2	一种节能减排的鲍鱼育苗方法	79.14028
8	CN201010******.6	光合细菌和枯草芽孢杆菌混合菌液在制备防治大菱鲆红嘴病菌剂中的应用	74.0545
9	CN201010******.1	一种节水型的大菱鲆养殖方法	75.9622
10	CN201010******.3	一种功能化无机抗菌材料及其制备方法	75.6201
11	CN201010******.7	一种草坪树叶清理车	60.9732
12	CN201010******.7	一种斑节对虾育苗方法	77.1943
13	CN201010******.6	一种节能减排的鲍鱼育苗方法	74.7301
14	CN201010******.4	一种节水型的稚鲍养殖方法	77.1943
15	CN201010******.9	一种节水型的海水鱼育苗方法	75.1072
16	CN201010******.2	斑节对虾的育苗方法	76.3394
17	CN201010******.8	一种节水型海参养殖方法	76.3394
18	CN201010******.0	一种稚鲍养殖方法	77.1943
19	CN201010******.8	一种节能型海水鱼育苗方法	75.1072
20	CN201010******.1	一种节能减排的大菱鲆育苗方法	76.3394

11.2　某高等院校作业运输（B部）技术领域发明专利价值评估

11.2.1　作业运输（B部）技术领域专利价值整体分析

某高等院校在作业运输（B部）技术领域获得发明专利共计471项，发明专利价值平均分值为67.53，其中技术价值平均分值为20.39，经济价值平均分值为12.39，法律价值平均分值为34.74。就作业运输专利价值的三项二级指标而言，法律价值度分值最高，经济价值度分值最低。其中法律价值度以权利要求数、代理机构能力、维持时间、多国申请和稳定性进行表征，而经济价值度以专利许可、权利转移、分类号数量、剩余经济寿命和同族专利数表征。这在一定程度上符合高等院校专利运营的一般特征，即专利转化、运用程度不足。同时，与其他四部专利价值的平均分值相比，作业运输类技术领域专利价值低于人类生活需要类技术领域并高于其他三部类。其中作业运输类技术领域专利的技术价值度平均分值在五个部类中最高，而经济价值度最低，法律价值度处于中间水平。除作业运输类技术领域专利本身的特点之外，出现这一特征还与作业运输类技术领域专利价值评估指标的权重有关。某高等院校作业运输技术领域发明专利价值评分分布情况如图11–4所示。

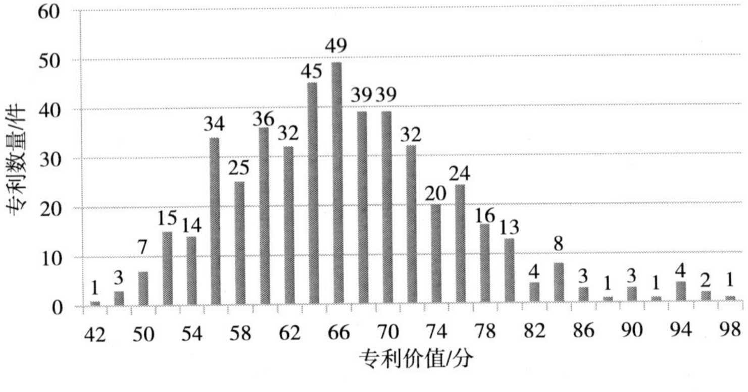

图11–4　某高等院校在作业运输（B部）技术领域获得授权的发明专利价值分布

根据图11–4，某高等院校在作业运输（B部）技术领域获得的发明专利价值评分整体呈现正态分布的特征。随着评分的增高，专利数量逐渐上升并在66分处达到峰值，而后逐渐下降。具体而言，某高等院校作业运输技术领域发明专利价值评分的分布情况呈现以下特征：首先，某高等院校作业运输技术领域发明专利的专利价值中，评分最低为42分，最高为98分，代表分数离散程度的变异系数为12.69%，说明评分分布的离散程度较高。其次，专利数量随评分增高而上升并到达峰值的速度相较于其随着评分继续增高而从峰值回落的速度更快，这一点也能够通过处于平均分以下的专利数量为247项，占作业运输技术领域发明专利总数的52.44%得以体现。这说明高于平均分值的发明专利数量虽然更少，但其分值更高，这在一定程度上也验证了第一点特征。这并非毫无意义，因为这一特征至少能够说明，在某高等院校作业运输技术领域发明的专利中，存在若干专利价值很高的专利。虽然数量有限，但能够提升专利价值的平均水平，因此需要对此类专利进行单独分析。再次，观察图1曲线右侧的变化趋势发现，当专利价值评分高于80分时，专利数量的变化十分平缓，且均在10项以下；当将评分为84分的专利排除在外时，其余评分的专利数量均不多于4项。这些即前述“少而精”的专利。

在对某高等院校作业运输（B部）技术领域获得授权发明专利的价值评分情况以及具有代表性的三级指标分布情况进行了整体分析之后，有必要针对不同分数段以及各分数段中居于前列或末尾的专利进行详细解读。本部分将对三个不同分数段的专利以及总分排名居于前五位与后五位的专利进行具体分析。

11.2.2　作业运输（B部）技术领域专利价值分段分析

根据某高等院校作业运输技术领域发明专利得分情况，将其划分为40~60分、61~80分及81~100分三个分数段，分别称作低分数段、中分数段及高分数段，其各自专利数量为99项、332项、40项，具体情况如表11-3所示。

表11-3　某高等院校作业运输（B部）各分数段发明专利三级指标平均分值

指标	高	中	低
发明人数量	2.6	2.5	2.7
第一发明人	13.3	6.5	1.1

续表

指标	高	中	低
技术覆盖范围	4	2.3	0.4
技术关联度	1.8	1.2	0.5
行业发展趋势	12.7	13.4	10.5
审查时间	7.9	8.4	7.7
专利许可	8.5	0.6	0
权利转移	3.5	0.4	0
同分类号专利数	5.2	4.8	4.3
剩余经济寿命	14.3	16.3	18.2
同族专利数	2.6	2.9	2.7
权利要求数	15.1	13	8.3
代理机构能力	16.4	16.4	16.2
维持时间	8.8	5.5	3.4
多国申请	1	0.1	0
稳定性	20	20	20
技术价值度	26	21.6	14.2
经济价值度	20.1	11.7	11.5
法律价值度	40.1	35.4	30.3
总平均分	86.2	68.7	56

由表11-3可发现，16项三级指标中有9项呈现同一特点，即专利价值的平均分在高、中、低三个分数段中依次减少，与总平均分的趋势相同。这一特征表明，上述9项三级指标是造成专利价值平均分产生差距的重要影响因素，而其中又以第一发明人能力、专利许可和权利要求数三项指标为主。因为上述三项指标中，高分数段专利平均分与低分数段之间的差距更大。某高等院校作业运输技术领域发明专利在其余7项指标中的平均分并无明显特征，且分值差距不大，其原因在于这些指标对专利价值的影响程度有限。这里需要对剩余经济寿命这一指标进行单独说明，某高等院校作业运输技术领域发明专利在其中的评分表现为：高分数段专利评分最

低，而低分数段专利评分最高。就本书而言，剩余经济寿命就其指标定义是与维持时间相反的，即二者相加的时间为专利的最长法定保护期，也就是20年。在这一意义上说，这一指标的评分出现上述特征就是在情理之中了。

纵向比较之后，还要对各分数段专利在不同指标间的评分情况进行比较。根据前述结论，这一部分主要分析对专利价值具有较强影响的9项指标。此外，由于各项指标的权重不同以及赋分标准的差异，在比较时仅关注相对地位而不下绝对性的结论。表11-3显示，高分数段专利的各项指标中，评分较高的是第一发明人能力、专利许可、权利要求数以及维持时间；中分数段中此类指标包括第一发明人能力、权利要求数及维持时间；低分数段中此类指标为同类专利数及权利要求数。由此可以认为，在对某高等院校作业运输技术领域发明专利价值评分中，起到较大提升作用的指标为第一发明人能力、权利要求数及维持时间。

此外，三项二级指标间也因其各自次级指标之间的差别而有所不同。与上述分析方法相同，从纵横两个角度对各二级指标进行分析发现：首先，高分数段与低分数段专利在各项二级指标评分之间存在的差距较为相似，分值均在10分左右；其次，就中分数段而言，技术价值度与法律价值度平均分大约介于高低分数段之间且与二者的评分之差相似，而经济价值度评分则与低分数段极为相近；再次，三项二级指标评分中，法律价值度平均分最高，经济价值度平均分最低。这些特征的原因在于三级指标之间的区别，此处不做详解。

综合上述分析，在对不同分数段的某高等院校作业运输技术领域发明专利以及各分数段内不同指标评分进行比较后发现：高价值专利相较于低价值专利在第一发明人能力、技术覆盖范围、技术关联度、专利许可、权利转移、同类专利数、权利要求数、维持时间和多国申请等9项指标上存在明显优势，其中又以第一发明人能力、专利许可、权利要求数和维持时间表现更为突出。这些指标同时也是对一项专利价值产生影响程度较高的因素。

11.2.3 作业运输（B部）技术领域价值最高的前五件发明专利分析

要更加深入地了解一项高价值或低价值专利的各项指标评分情况，还需选取若干具有代表性的专利进行详细分析。本书选取某高等院校作业运输技术领域发明专利中，专利价值评分居于前五位与后五位的专利，制作各指标评分雷达图，以对其进行深入探讨。图11-5和图11-6分别为评分居于前五位与居于后五位的专利各指标评分雷达图。

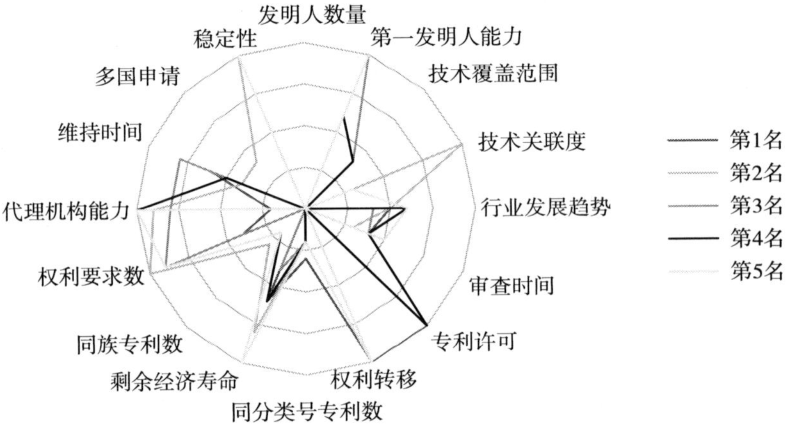

图11-5　某高等院校作业运输（B部）技术领域发明专利价值前五位各指标评分值

分析图11-5发现，专利价值居于某高等院校作业运输（B部）技术领域发明前五位的专利在各指标评分中具有两点特征：第一，前五位专利的各项指标评分中，较为接近的是行业发展趋势、同分类号专利数及同族专利数。第二，各项指标中评分普遍较高的为第一发明人能力、权利转移、剩余经济寿命、权利要求数和代理机构能力。指标评分接近可以从两个方面进行解释：一是此类指标对专利价值的影响程度较低，二是正是此类指标评分的高水平使得专利价值获得高分。区分这两种情况需要结合前述三个分值阶段中专利在各指标之间的比较结果。

11.2.4 作业运输（B部）技术领域发明价值最低的五件专利分析

与反映某高等院校作业运输技术领域发明专利价值前五位各指标评分值的图11-5不同的是，某高等院校作业运输技术领域发明专利价值末五位各指标评分值（见图11-6）呈现的特征更加明显。

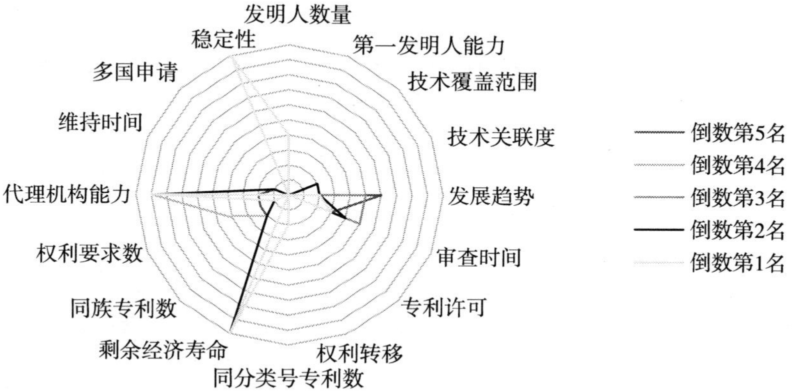

图11-6 某高等院校作业运输（B部）技术领域专利价值末五位各指标评分值

图11-6雷达图右侧的各项指标评分均普遍较低，尤其是第一发明人能力、技术覆盖范围、专利许可和权利转移；左侧的各项指标中，同族专利数、权利要求数、维持时间及多国申请等评分也较低。但评分居于末尾的5项某高等院校作业运输技术领域发明专利在稳定性、代理机构能力和剩余经济寿命3项指标中表现不俗，评分都较高。其中剩余经济寿命较高的原因已在前文中作了解释。稳定性评分较高同样可以不予特别说明，其原因在于某高等院校作业运输技术领域发明专利的全部专利经过统计，稳定性均处于同一水平，并无专利经历过无效或复审程序。而结合图11-5，代理机构能力评分较高说明某高等院校作业运输技术领域发明专利的专利价值与代理机构能力之间的相关性程度不强。换言之，就专利本身的特性对专利价值产生的影响相比，代理机构能力只在极低的程度上影响专利价值；在这一意义上，代理机构仅仅承担代理专利申请的程序性工作，并未对专利本身产生实质性或有效性影响。

11.2.5 作业运输（B部）技术领域发明专利价值分布特征

前文两个部分分别对某高等院校作业运输技术领域发明专利的专利价值整体情况及具有代表性的若干专利具体情况进行了分析。据此，可以总结如下：①某高等院校作业运输技术领域发明专利的专利价值评分整体呈现正态分布的特征，评分离散程度较高。②高价值专利相较于低价值专利在第一发明人能力、技术覆盖范围、技术关联度、专利许可、权利转移、同类专利数、权利要求数、维持时间和多国申请等9项指标上存在明显优势；第一发明人能力、专利许可、权利要求数和维持时间等指标对专利价值的影响程度较高。③稳定性、代理机构能力、剩余经济寿命等指标对专利价值的影响程度极低甚至无影响。④三项二级指标评分中，法律价值度平均分最高，经济价值度平均分最低。最后，造成专利价值评分差距的最重要的指标包括第一发明人能力、专利许可和权利要求数。

11.2.6 作业运输（B部）技术领域发明专利具体价值分布

表11-4选取20个隶属作业运输（B部）技术领域的发明专利，对其具体的专利价值评分进行列举。

表11-4 作业运输（B部）技术领域发明专利具体价值分布

序号	申请号	专利名称	专利价值
1	CN201310******.5	Cu基有机骨架-氧化石墨烯复合多孔材料及其制备方法	61.6172
2	CN201110******.9	SCR催化剂孔道的清洗疏通装置	51.8377
3	CN200910******.X	TiN/（TiN+CrN）/CrAlN纳米复合涂层及其制备方法	70.0183
4	CN201310******.6	UV固化超亲水及水下超疏油油水分离膜及制备方法和应用	64.5894
5	CN200710******.0	保证注坯模具冷却深孔与外成型面同轴度的制造方法	53.0792
6	CN201310******.7	波纹薄板角焊缝自动焊接中的视觉跟踪监测系统与方法	63.8364
7	CN201210******.0	不同部分同时具有二种不同水可溶速度薄膜袋的制备方法	64.9282

续表

序号	申请号	专利名称	专利价值
8	CN200810******.3	常温下净化空气中挥发性有机污染物和臭氧的催化剂及其制备方法与应用	52.7784
9	CN200710******.3	超临界流体辅助聚合物成型加工设备及其实现方法与应用	77.5638
10	CN200610******.6	超临界流体辅助微孔注塑设备	82.02172
11	CN201310******.4	超亲水及水下超疏油的油水分离网膜及其制备方法和应用	66.0114
12	CN201110******.8	超声-氢气还原制备挥发性有机化合物氧化催化剂的方法	71.4156
13	CN201110******.6	超声-氢气还原制备憎水性Cr-Ce基催化剂的方法	70.3274
14	CN201110******.1	超声-氢气还原制备憎水性Cr-Mn基催化剂的方法	70.3248
15	CN200910******.2	超声协同养晶的果汁冷冻浓缩方法与设备	74.0385
16	CN201310******.0	超声诱导超临界二氧化碳空化装置与方法	61.0083
17	CN201310******.3	超疏水/超亲油滤布及其制备方法和在油水分离中的应用	65.6476
18	CN201110******.4	超微量点胶装置及方法	64.9131
19	CN200510******.3	超细分级磨	96.8674
20	CN201010******.X	城市供水过滤系统水头损失的一种计算方法	57.3434

11.3　某高等院校固定建筑物（E部）技术领域发明专利价值评估

11.3.1　固定建筑物（E部）技术领域发明专利价值总体分析

某高等院校固定建筑物（E部）技术领域获得授权发明专利共计65件，专利价值平均分值为66.40，其中技术价值平均分值为14.70，经济价值平均分值为16.78，法律价值平均分值为34.92。就固定建筑物E类专利的专利价值的三项二级指标而言，法律价值分值最高，技术价值分值最低。其中法律价值以权利要求数、代理机构能力、维持时间、多国申请和稳定性进行表征，而技术价值以发明人数、第一发明人能力、技术覆盖范围、技术关联度、行业发展趋势和审查时间表征。可以看出固定建筑物技术价值度比较低，这比较符合近年来建筑行业大发展，技术较为成熟同时经济转化率较高。同时，与其他四部专利价值的平均分值相比，固定建筑物技术领域发明专利价值低于人类生活需要、作业运输技术领域发明专利的价值，并高于机械工程、照明、加热、武器、爆破技术领域和物理技术领域的发明专利价值；其中固定建筑物技术领域发明专利的技术价值度、经济价值、法律价值处于中间水平。除固定建筑物技术领域发明专利的本身的特点之外，出现这一特征还与固定建筑物技术领域发明专利价值评估指标的权重有关。某高等院校固定建筑物技术领域发明专利价值评分分布情况如图11-7所示。

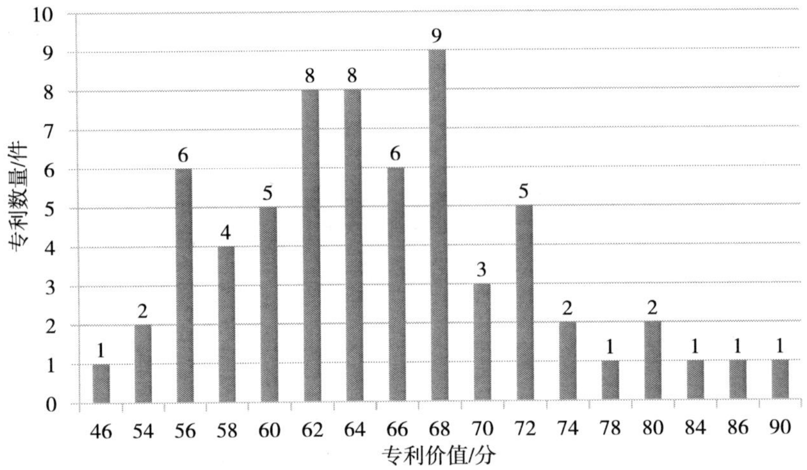

图11-7　某高等院校固定建筑物（E部）技术领域发明专利价值分布

根据图11-7，某高等院校固定建筑物技术领域发明专利的价值评分整体呈现正态分布的特征。随着评分的增高，专利数量逐渐上升并在68分处达到峰值，而后逐渐下降。具体而言，某高等院校固定建筑物技术领域发明专利价值评分的分布情况呈现以下特征：首先，某高等院校固定建筑物技术领域发明专利的专利价值中，评分平均分66.40，最低为46分，最高为90分，代表分数离散程度的变异系数为14.33%，说明评分分布的离散程度较高。其次，在某高等院校固定建筑物技术领域的发明专利中，存在若干发明专利价值很高的专利。虽然数量有限，但能够提升专利价值的平均水平，因此需要对此类专利进行单独分析。再次，观察图11-7右侧的变化趋势发现，当专利价值评分高于74分时，专利数量的变化十分平缓，且均在2项以下；当将评分为74分的专利排除在外时，其余评分的专利数量均不多于8项。

11.3.2　固定建筑物（E部）技术领域发明专利价值分段分析

在对某高等院校固定建筑物技术领域发明专利的价值评分情况以及具有代表性的三级指标分布情况进行了整体分析之后，有必要针对不同分数段以及各分数段中居于前列或末尾的专利进行详细解读。本部分将对三个不同分数段的专利以及总分排名居于前五位与后五位的专利进行具体分析。根据某高等院校固定建筑物技术领域发明专利得分情况，将其划分为46~60分、61~75分及76~90分三个分数段，分别称作低分数段、中分数段及高分数段，其各自专利数量为18项、39项、8项，具体情况如表11-5所示。

表11-5　某高等院校固定建筑物（E部）各分数段发明专利三级指标平均分值

指标	高	中	低
发明人数量	3.0	2.5	1.7
第一发明人	16.5	12.2	11.3
技术覆盖范围	1.0	1.2	0
技术关联度	0.3	1.3	0.5
行业发展趋势	10.8	10.6	10.5
审查时间	7.3	7.8	7.7
专利许可	12.5	0.0	0.0
权利转移	2.5	0.5	0.0
同分类号专利数	4.3	4.3	4.1
剩余经济寿命	13.5	18.2	18.4

续表

指标	高	中	低
同族专利数	3	3.2	2.2
权利要求数	11.3	12.2	5.4
代理机构能力	18	17.9	13.7
维持时间	10.3	4.2	2.7
多国申请	0.0	0.0	0.0
稳定性	20.0	20.0	20.0
技术价值度	16.0	15.1	13.2
经济价值度	25.4	15.9	14.8
法律价值度	40.2	36.1	29.9
总平均分	81.6	67.2	57.9

根据表11–5发现，16项三级指标中有7项呈现同一特点，即专利价值的平均分在高、中、低三个分数段中依次减少，与总平均分的趋势相同。这一特征表明，上述7项三级指标是造成专利价值平均分产生差距的重要影响因素，而其中又以第一发明人能力、专利许可、权利转移和维持时间4项指标为主。因为上述4项指标中，高分数段专利平均分与低分数段之间的差距更大。某高等院校固定建筑物技术领域发明专利在其余7项指标中平均分并无明显特征，且分值差距不大，其原因在于这些指标对专利价值的影响程度有限。这里需要对剩余经济寿命这一指标进行单独说明，某高等院校固定建筑物技术领域发明专利在其中的评分表现为：高分数段专利评分最低而低分数段专利评分最高。就本评估报告而言，剩余经济寿命就其指标定义是与维持时间相反的，即二者相加的时间为专利的最长法定保护期，也就是20年。在这一意义上说，这一指标的评分出现上述特征就是在情理之中了。

纵向比较之后，还要对各分数段专利在不同指标间的评分情况进行比较。根据前述结论，这一部分主要分析对专利价值具有较强影响的7项指标。此外，由于各项指标的权重不同以及赋分标准的差异，在比较时仅关注相对地位而不下绝对性的结论。表11-5显示，高分数段专利的各项指标中，评分较高的是第一发明人能力、专利许可、权利转移以及维持时间；中分数段中此类指标包括第一发明人能力、代理机构数及维持时间；低分数段中此类指标为同类专利数及权利要求数。由此可以认为，在对某高等院校固定建筑物技术领域发明专利价值评分中，起到较大提升作用的指标为第一发明人能力和代理机构能力。

此外，3项二级指标间也因其各自次级指标之间的差别而有所不同。与上述分析方法相同，从纵横两个角度对各二级指标进行分析发现：首先，三项二级指标评分中，法律价值度平均分最高，技术价值度平均分最低；其次，对于技术价值度，三个分数段间差距很小。对于经济价值度，高分数段明显高于中低分数段。对于法律价值度，三分数段评分分布较为均匀，中分数段基本介于高低之间。

综合上述分析，在对不同分数段的某高等院校固定建筑物技术领域发明专利以及各分数段内不同指标评分进行比较后发现：高价值专利相较于低价值专利在发明人数、第一发明人能力、行业发展趋势、专利许可、权利转移、代理机构能力和维持时间等7项指标上存在明显优势，其中又以第一发明人能力、专利许可、权利转移和维持时间表现更为突出。这些指标同时也是对一项专利价值产生影响程度较高的因素。

11.3.3　固定建筑物（E部）技术领域发明专利价值最高的五件专利分析

要更加深入地了解一项高价值或低价值专利的各项指标评分情况，还需选取若干具有代表性的专利进行详细分析。本书选取某高等院校固定建筑物技术领域发明专利中，价值评分居于前五位与后五位的发明专利，制作各指标评分雷达图，以对其进行深入探讨。图11-8和图11-9分别为评分居于前五位与居于后五位的专利各指标评分雷达图。

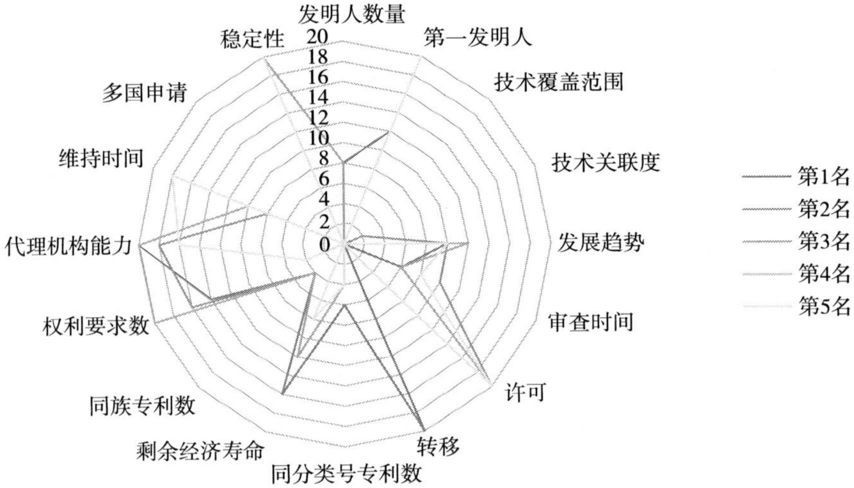

图11-8　固定建筑物（E部）技术领域价值前五位的发明专利各指标分值分布

分析图11-8发现，专利价值居于某高等院校固定建筑物技术领域价值前五位的发明专利在各指标评分中具有两个特征：第一，价值前五位的发明专利各项指标评分中，较为接近的是行业发展趋势、代理机构能力和同分类号专利数；第二，各项指标中评分普遍较高的为第一发明人能力、权利许可、代理机构能力和维持时间。指标评分接近可以从两个方面进行解释。一是此类指标对专利价值的影响程度较低，二是正是此类指标评分的高水平使得专利价值获得高分。区分这两种情况需要结合前述三个分值阶段中专利在各指标之间的比较结果。

11.3.4　固定建筑物（E部）技术领域发明专利价值最低的五件专利分析

与反映固定建筑物（E部）技术领域价值最高的前五件发明专利（见图11-8）不同的是，反映固定建筑物技术领域价值最低的后五件发明专利（见图11-9）呈现的特征更加明显。

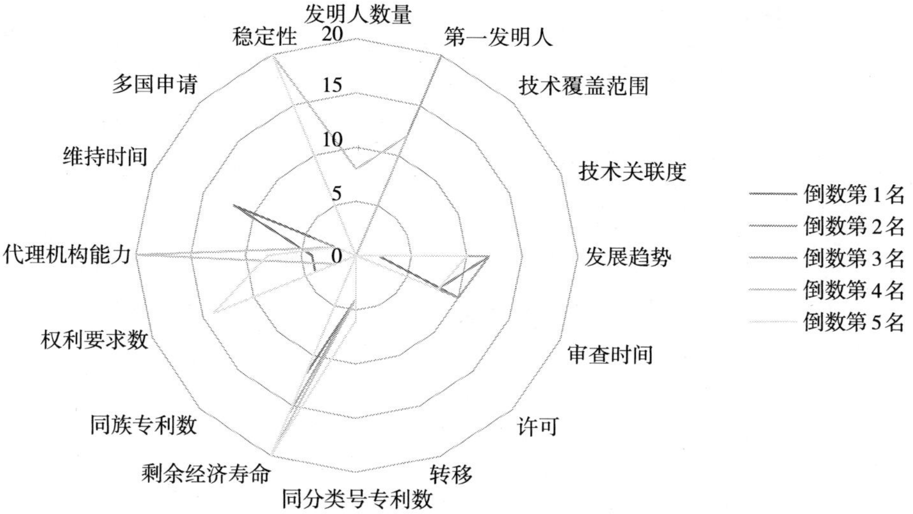

图11-9　固定建筑物（E部）技术领域价值后五位的发明专利各指标分值分布

图11-8雷达图中的技术覆盖范围、技术关联度、专利许可和权利转移等指标评分普遍较低。但评分居于末尾的5项某高等院校固定建筑物技术领域发明专利在稳定性、第一发明人、代理机构能力和剩余经济寿命4项指标上评分较高。如前所述，剩余经济寿命较高的原因不再赘述。同时，稳定性评分较高同样可以不予特别说明，其原因在于某高等院校固定建筑物技术领域的全部发明专利经过统计，稳定性均处于同一水平，并无专利经历过无效或复审程序。

11.3.5　固定建筑物技术领域发明专利价值分布特征

前文两个部分分别对某高等院校固定建筑物技术领域发明专利的价值整体情况及具有代表性的若干专利具体情况进行了分析。据此，可以总结如下：①某高等院校固定建筑物技术领域发明专利的价值评分整体呈现正态分布的特征，评分离散程度较高。②高价值专利相较于低价值专利在发明人数、第一发明人能力、行业发展趋势、专利许可、权利转移、代理机构能力和维持时间等7项指标上存在明显优势；第一发明人能力、专利许可、权利转移和维持时间等指标对专利价值的影响程度较高。③稳定性、代理机构能力、剩余经济寿命等指标对专利价值的影响程度极低甚至无影响。④三项二级指标评分中，法律价值度平均分最高，技术价值度平均分最低。⑤造成专利价值评分差距的最重要的指标包括第一发明人能力、专利许可和权利转移。

11.3.6 固定建筑物（E部）技术领域发明专利价值的具体分布

表11-6选取20个隶属固定建筑物（E部）技术领域的发明专利，对其具体的专利价值评分进行列举。

表11-6 固定建筑物（E部）技术领域发明专利价值的具体分布

编号	申请号	专利名称	专利价值
1	CN201210******.0	U型外包钢再生混合梁再生混合组合楼板梁板节点及其施工方法	56.703
2	CN200910******.X	薄壁钢管再生混合柱与钢筋混凝土梁的节点及其施工方法	73.4095
3	CN200910******.9	避免金属预埋件焊接高温烧坏混凝土基层的装置和方法	90.2044
4	CN201210******.4	采用大尺度废弃混凝土块体的水平组合构件的施工方法	70.8436
5	CN201110******.9	大跨径钢桥面环氧沥青宽幅摊铺施工方法	58.8127
6	CN200610******.5	带腋撑的钢筋混凝土框架结构	69.971
7	CN200610******.0	单摆变矩平衡游梁式抽油机	47.0575
8	CN201110******.3	道路表面多孔隙树脂封层及其施工方法	68.0718
9	CN201210******.4	地下室附着式车道结构施工方法	69.5392
10	CN200810******.5	刚性网格与桩复合地基及其应用于软土地基加固的方法	85.9372
11	CN200410******.2	钢拱混凝土简支梁	80.105
12	CN200410******.7	钢拱混凝土连续梁	80.105
13	CN200810******.0	钢管再生混合构件	72.7831
14	CN201210******.8	钢筋混凝土框架高大截面结构柱施工方法	68.2435

续表

编号	申请号	专利名称	专利价值
15	CN201210******.6	高层建筑型钢混凝土组合结构用的混凝土浇筑方法	66.2437
16	CN201210******.2	高层建筑型钢混凝土组合结构用的型钢柱施工方法	56.6802
17	CN201010******.7	乳化沥青厂拌冷再生沥青混合料的加热碾压方法	74.1219
18	CN200710******.7	外置横向预应力钢筋混凝土梁	65.0256
19	CN201110******.1	纤维增强的橡胶沥青应力吸收层及其施工方法	55.9649
20	CN201210******.4	一种U型桥台的台身外倾加固方法	58.7106

11.4 某高等院校机械工程、照明、加热、武器、爆破（F部）技术领域发明专利价值评估

11.4.1 机械工程、照明、加热、武器、爆破（F部）技术领域发明专利价值总体分析

以某高等院校作为专利权人的专利主分类号为机械工程、照明、加热、武器、爆破（F部）技术领域的发明专利共计172件，专利价值平均分值为60.78，其中技术价值平均分值为18.13，经济价值平均分值为13.56，法律价值平均分值为29.09。就机械工程、照明、加热、武器、爆破技术领域发明专利价值的3项二级指标而言，法律价值度分值最高，经济价值度分值最低。其中法律价值度以权利要求数、代理机构能力、维持时间、多国申请和稳定性进行表征，而经济价值度以专利许可、权利转移、分类号数量、剩余经济寿命和同族专利数表征。这在一定程度上符合高等院校专利运营的一般特征，即专利转化、运用程度不足。同时，与其他4部专利价值的平均分值相比，机械工程、照明、加热、武器、爆破（F部）技术领域发明专利价值低于其他四部类的技术领域；其中机械工程、照明、加热、武器、爆破技术领域发明专利的法律价值度平均分值在5个部类中最低，而经济价值度，技术价值度均处于中间水平。除机械工程、照明、加热、武器、爆破技术领域发明专利的本身的特点之外，出现这一

特征还与机械工程、照明、加热、武器、爆破（F部）技术领域发明专利价值评估指标的权重有关。某高等院校机械工程、照明、加热、武器、爆破技术领域发明专利价值评分分布情况如图11-10所示。

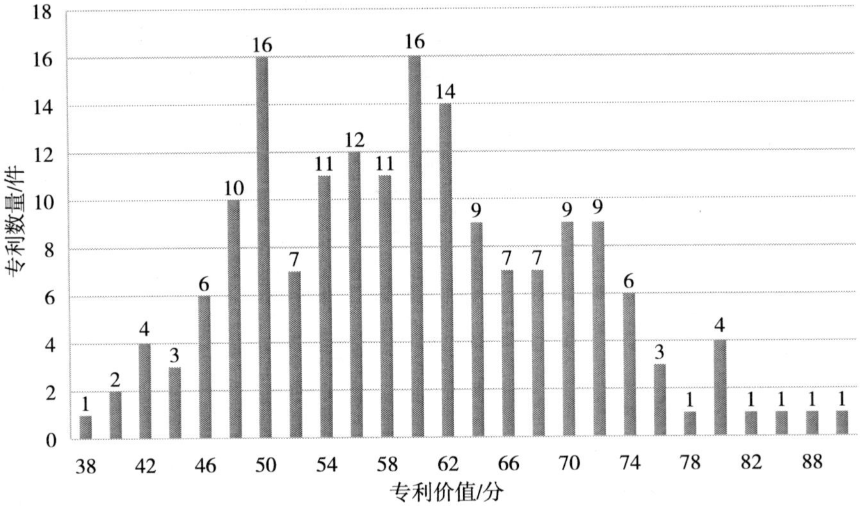

图11-10　机械工程、照明、加热、武器、爆破（F部）技术领域发明专利价值分布

根据图11-10，某高等院校机械工程、照明、加热、武器、爆破（F部）技术领域发明专利的价值评分整体呈现双峰正态分布的特征。随着评分的增高，专利数量逐渐上升并在50分处达到峰值，而后会逐渐下降，接着又在60分左右再次达到顶峰。一般数据统计中出现双峰正态分布，原因一般可能有样本数量不够，或者数据模型本身承认两种评价。对于某高等院校机械工程、照明、加热、武器、爆破（F部）技术领域发明专利而言，发明中两个原因可能都有所影响：首先，172个样本确实较少；其次，细究机械工程、照明、加热、武器、爆破技术领域发明专利相关数据，其技术价值度对其整体分值变化贡献过大，导致部分法律价值度和经济价值度较高的专利可能未得到合理评价。

11.4.2　机械工程、照明、加热、武器、爆破（F部）技术领域发明专利价值分段分析

从技术指标对比图中，我们也可以发现上文提出的问题。机械工程、

照明、加热、武器、爆破（F部）技术领域发明专利的技术指标赋权不仅总和最高，其中作为单项数据贡献分值差距最多的第一发明人能力和行业发展趋势，也是权重最高的项，这极有可能会过多提高技术价值度对整体分值的影响，下文具体分析中也提到这点。高技术价值度赋值本身并无对错，因为评价每个领域就需要不同的赋值。但是这种高赋值可能会使模型否定一些经济法律价值较高但在技术上无特色的专利，使这些专利分布在双峰中的次峰。这并非说明认定赋权上有问题，而是说明机械工程、照明、加热、武器、爆破（F部）技术领域发明专利内部可能存在两种形态截然不同的专利类型，需要细究。

根据表11-7，具体分析两个分值顶峰，两者分值中产生的差距几乎全部来自技术价值度的差距，其中主要来自第一发明人赋分的差值，同时在技术关联度上也产生了较大差距。这些情况极可能说明高等院校在机械专利方面，新的发明人不断涌现，他们的专利在价值上与资历丰富的发明人相差无几，只是现阶段较所拥有的在高等院校发明专利数较少。当然，造成这种现象也可能是有能力的发明人不断流失，导致其在高等院校只有一两个专利。但考虑到机械方向人员流动性较低，后一个原因可不在考虑范围内。

表11-7　不同技术领域专利价值评估指标权重比较

A			B			E			F			G		
二级指标权重	三级指标名称	三级指标权重	二级指标权重	三级指标名称	三级指标权重	二级指标权重	三级指标名称	三级指标权重	二级指标权重	三级指标名称	三级指标权重	二级指标权重	三级指标名称	三级指标权重
29.582	发明人数量	2.4821	36.7471	发明人数量	2.5274	28.6836	发明人数量	2.4356	36.8621	发明人数量	2.0249	30.6509	发明人数量	2.1573
	第一发明人能力	3.5892		第一发明人能力	5.0654		第一发明人能力	3.5567		第一发明人能力	6.5012		第一发明人能力	5.1908

续表

A			B			E			F			G		
二级指标权重	三级指标名称	三级指标权重	二级指标权重	三级指标名称	三级指标权重	二级指标权重	三级指标名称	三级指标权重	二级指标权重	三级指标名称	三级指标权重	二级指标权重	三级指标名称	三级指标权重
29.582	技术覆盖范围	8.3642	36.7471	技术覆盖范围	8.2395	28.6836	技术覆盖范围	7.8791	36.8621	技术覆盖范围	8.5237	30.6509	技术覆盖范围	7.4781
	技术关联度	7.0023		技术关联度	7.6526		技术关联度	6.1036		技术关联度	8.5023		技术关联度	6.9708
	行业发展趋势	6.2584		行业发展趋势	7.2534		行业发展趋势	6.2943		行业发展趋势	8.1368		行业发展趋势	5.0891
	审查时间	1.8858		审查时间	6.0088		审查时间	2.3143		审查时间	2.9732		审查时间	3.7608

最后，详细整理某高等院校机械工程、照明、加热、武器、爆破（F部）技术领域发明专利价值评分的分布情特征：

（1）某高等院校机械工程、照明、加热、武器、爆破技术领域发明专利的价值分布中，评分最低为38分，最高为90分，代表分数离散程度的变异系数为13.32%，说明评分分布的离散程度较高。

（2）专利数量随评分增高而上升并到达峰值的速度相较于其随着评分继续增高而从峰值回落的速度更快，这一点也能够通过处于平均分以下的专利数量为83件，占机械工程、照明、加热、武器、爆破（F部）技术领域发明专利总数的48.25%这一数据得以体现。这说明高于平均分的专利数量虽然更多，但其分值相对不高，这在一定程度上也验证了第一点特征。虽然数量有限，但能够提升专利价值的平均水平，因此需要对此类专利进行单独分析。

（3）观察图11-10右侧的变化趋势发现，当专利价值评分高于76分时，专利数量的变化十分平缓，且均在4件以下；当将评分为80分的专利排除在外时，其余评分的专利数量均不多于2件。

在对某高等院校机械工程、照明、加热、武器、爆破（F部）技术领域发明专利的价值评分情况以及具有代表性的三级指标分布情况进行了整体分析之后，有必要针对不同分数段以及各分数段中居于前列或末尾的专利进行详细解读。本部分将对三个不同分数段的专利以及总分排名居于前五位与后五位的专利进行具体分析。根据某高等院校机械工程、照明、加热、武器、爆破（F部）技术领域发明专利得分情况，将其划分为38~54分、55~70分及71~90分三个分数段，分别称作低分数段、中分数段及高分数段，其各自专利数量为60项、85项、27项，具体情况如表11-8所示。

表11-8　某高等院校F部各分数段发明专利三级指标平均分值

指标	高	中	低
发明人数量	3.8	3.0	3.4
第一发明人	15.0	10.3	0.9
技术覆盖范围	4.5	1.7	0.4
技术关联度	3.1	2.0	0.7
行业发展趋势	10.5	9.1	7.7
审查时间	7.9	7.9	8.4
专利许可	4.4	0.0	0.0
权利转移	0.6	0.0	0.0
同分类号专利数	3.9	4.0	3.9
剩余经济寿命	15.9	17.2	17.3
同族专利数	3.0	3.2	2.3
权利要求数	12.3	12.0	9.0
代理机构能力	16.9	17.5	15.8
维持时间	6.6	5.0	4.5
多国申请	0.4	0.0	0.0
稳定性	20.0	20.0	19.7
技术价值度	27.9	20.2	11.0

续表

指标	高	中	低
经济价值度	16.5	13.0	12.5
法律价值度	31.3	30.0	26.5
总平均分	75.7	63.1	50.0

根据表11-8发现，16项三级指标中有6项呈现同一特点，即专利价值的平均分在高、中、低三个分数段中依次减少，与总平均分的趋势相同。这一特征表明，上述6项三级指标是造成专利价值平均分产生差距的重要影响因素，包括第一发明人能力、技术覆盖范围、技术关联度、行业发展趋势、维持时间、权利要求数6项指标。某高等院校机械工程、照明、加热、武器、爆破（F部）技术领域发明专利在其余11项指标中的平均分并无明显特征，且分值差距不大，其原因在于这些指标对专利价值的影响程度有限。产生较大影响的6项指标中4项都属于技术价值度，也就是说技术价值度对这些发明专利的分数变化影响最为明显，我们可知某高等院校机械工程、照明、加热、武器、爆破技术领域的专利其相互之间的差距，应主要从技术层次进行审视，或者是该模型对技术问题过于重视。

根据前述结论，这一部分主要分析对专利价值具有较强影响的6项指标。此外，由于各项指标的权重不同以及赋分标准的差异，在比较时仅关注相对地位而不下绝对性的结论。表11-8显示，高分数段的专利的各项指标中，评分较高的是第一发明人能力、行业发展趋势、权利要求数以及维持时间；中分数段中此类指标包括第一发明人能力、行业发展趋势、权利要求数；低分数段中此类指标为行业发展趋势、权利要求数。由此可以认为，在对某高等院校机械工程、照明、加热、武器、爆破（F部）技术领域发明专利价值评分中，起到较大提升作用的指标为第一发明人能力、权利要求数及行业发展趋势。

3项二级指标间也因其各自次级指标之间的差别而有所不同。与上述分析方法相同，从纵横两个角度对各二级指标进行分析发现：①高分数段与低分数段专利在各项二级指标评分之间存在的差距较有所不同，其中技术指标上的分值差距最大，达到9分以上，而其他两表，差距均在5分内，技术价值度引起的分值差距占总分值差距的65.7%；②3项二级指标评分中，法律价值度平均分最高，经济价值度平均分最低。

11.4.3 机械工程、照明、加热、武器、爆破（F部）技术领域价值最高的五件发明专利分析

要更加深入地了解一项高价值或低价值专利的各项指标评分情况，还需选取若干具有代表性的专利进行详细分析。本书选取某高等院校机械工程、照明、加热、武器、爆破（F部）技术领域发明专利中，发明专利价值评分居于前五位与后五位的专利，制作各指标评分雷达图，以对其进行深入探讨。图11-11和图11-12分别为评分居于前五位与居于后五位的专利各指标评分雷达图。

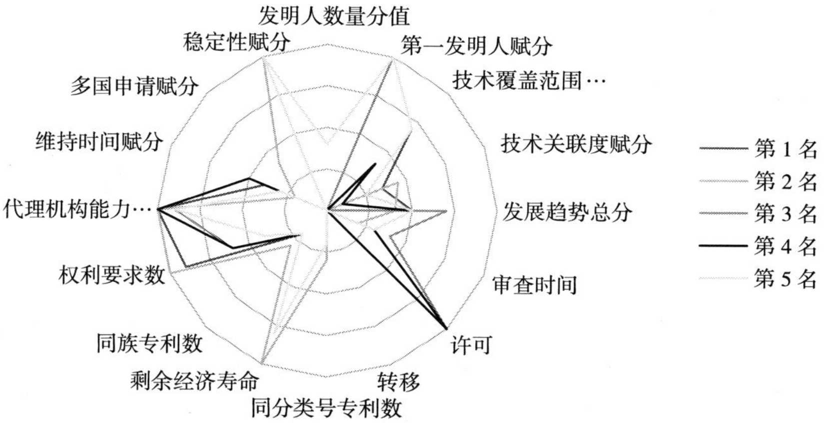

图11-11 机械工程、照明、加热、武器、爆破（F部）技术领域价值居前五位的发明专利各指标分值分布

分析图11-11发现，专利价值居于某高等院校机械工程、照明、加热、武器、爆破（F部）技术领域价值前五位的发明专利在各指标评分中具有两个特征：①价值前五位的发明专利的各项指标评分中，较为接近的是代理机构能力、同分类号专利数及稳定性；②各项指标中评分普遍较高的为

稳定性、代理机构能力、剩余经济寿命和权利要求数。指标评分接近可以从两个方面进行解释：①此类指标对专利价值的影响程度较低；②正是此类指标评分的高水平使得专利价值获得高分。区分这两种情况需要结合前述三个分值阶段中专利在各指标之间的比较结果。

11.4.4 机械工程、照明、加热、武器、爆破（F部）技术领域价值最低的后五件发明专利分析

与反映机械工程、照明、加热、武器、爆破（F部）技术领域发明专利价值前五位各指标评分的图11-11不同的是，反映机械工程、照明、加热、武器、爆破（F部）技术领域发明专利价值后五位各指标评分的图11-12呈现的特征更加明显。

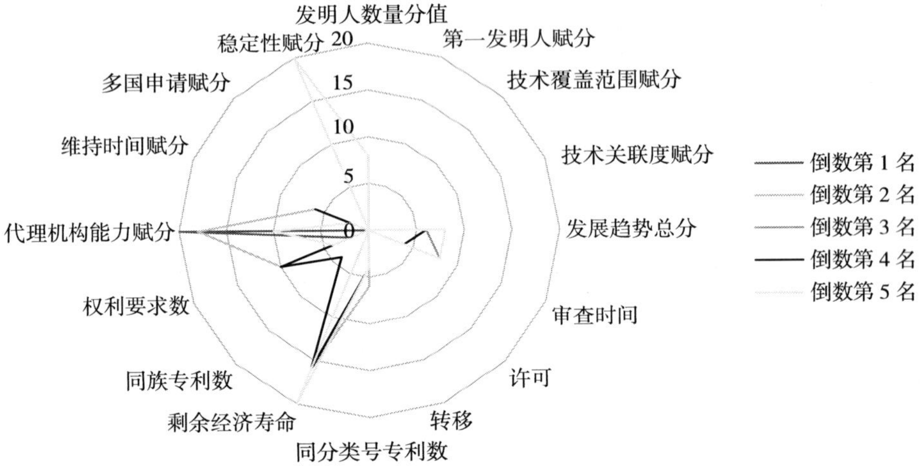

图11-12 机械工程、照明、加热、武器、爆破技术领域价值居后五位的发明专利各指标分值分布

图11-12雷达图右侧的各项指标评分均普遍较低，尤其是第一发明人能力、技术覆盖范围、专利许可和权利转移、技术关联度；左侧的各项指标中，同族专利数、维持时间及多国申请等评分也较低。可以看出，评分居于末尾的5项某高等院校机械工程、照明、加热、武器、爆破（F部）技术领域发明专利在稳定性、代理机构能力和剩余经济寿命3项指标中评

分较高。稳定性评分较高如前所述可以不予特别说明。代理机构能力评分较高同样说明某高等院校机械工程、照明、加热、武器、爆破技术领域发明专利的专利价值与代理机构能力之间的相关性程度不强。

11.4.5　机械工程、照明、加热、武器、爆破（F部）技术领域发明专利价值分布特征

前文两个部分分别对某高等院校机械工程、照明、加热、武器、爆破（F部）技术领域发明专利的价值整体情况及具有代表性的若干专利具体情况进行了分析。据此可以总结如下：①某高等院校机械工程、照明、加热、武器、爆破（F部）技术领域发明专利的专利价值评分整体呈现双峰正态分布的特征，评分离散程度较高，其原因可能是样本量数量稀少和评价指标偏离共同造成的。②高价值专利相较于低价值专利在第一发明人能力、技术覆盖范围、技术关联度、行业发展趋势、维持时间、权利要求数等6项指标上存在明显优势，其中4项集中在技术评分领域；第一发明人能力、权利要求数及行业发展趋势等指标对专利价值的影响程度较高。③稳定性、代理机构能力、剩余经济寿命等指标对专利价值的影响程度极低甚至无影响。④三项二级指标评分中，技术价值度的评分对所有专利评分产生的影响远比其他两种价值度的影响大。对于机械工程、照明、加热、武器、爆破（F部）技术领域发明专利的审视应多集中在其技术水平上，或者应将评级指标偏移向经济或技术价值度。

11.4.6　机械工程、照明、加热、武器、爆破（F部）技术领域发明专利价值具体分布

表11-9选取20个隶属机械工程、照明、加热、武器、爆破（F部）技术领域的发明专利，对其具体的专利价值评分进行列举。

表11-9　机械工程、照明、加热、武器、爆破（F部）技术领域发明专利价值具体分布

编号	申请号	专利名称	专利价值
1	CN200610******.8	组合式机械密封装置	80.3318
2	CN200610******.9	自紧式机械密封装置	73.9641
3	CN200710******.0	中央空调末端环境温度与冷源负荷远程调控方法及系统	43.2939

续表

编号	申请号	专利名称	专利价值
4	CN201110******.7	中央空调末端的红外控制系统及方法	48.2646
5	CN200510******.3	原油集输的加热装置及其加热方法	82.1485
6	CN200910******.4	用于大型汽轮机快速冷却的高温空气生产方法与装置	64.8659
7	CN200910******.1	用于LED室内灯具的透镜及包含该透镜的格栅灯	72.6238
8	CN201210******.9	用于LED汽车远光灯的自由曲面光学透镜	59.5285
9	CN201210******.2	用于LED摩托车远光灯的自由曲面光学反射器	60.1908
10	CN201210******.5	用于LED摩托车近光灯的自由曲面光学透镜	54.9248
11	CN201210******.9	用于LED摩托车近光灯的自由曲面光学反射器	60.1538
12	CN200910******.4	用于LED灯具的反射杯	72.4837
13	CN03139******.6	移动式医疗垃圾焚烧装置	49.8004
14	CN201210******.X	一种自增压的LNG移动充装装置及充装方法	57.687
15	CN200910******.3	一种中央空调余热回收生产饮用水的装置	64.7072
16	CN201110******.8	一种中央空调系统整体优化控制装置	63.1272
17	CN200510******.0	一种制冷吸附器及其制造方法	76.0392
18	CN200510******.7	一种原油集输的风光电一体化加热装置及其加热方法	81.0536
19	CN201210******.5	一种用于柔顺机构微动平台的可控楔块预紧机构	54.8661
20	CN201210******.3	一种用于热泵热水器的外盘微通道式蓄热水箱	57.5413

11.5 某高等院校物理（G部）技术领域发明专利价值评估

11.5.1 物理（G部）技术领域发明专利价值总体分析

某高等院校物理技术领域发明专利共计524件，专利价值平均分值为66.22，其中技术价值度平均分值为11.25，经济价值度平均分值为19.29，法律价值度平均分值为35.68。某高等院校技术领域发明专利价值的三项二级指标中，法律价值分值最高，技术价值分值最低。其中法律价值包含权利要求数、代理机构能力、维持时间、多国申请和稳定性这5个评分指标。技术价值度包含发明人数量、第一发明人能力、技术覆盖范围、技术关联度、行业发展趋势和审查时间这6个评分指标。

就发明专利价值的平均分值而言，物理技术领域发明专利在5个部中排名第4，仅高于机械工程、照明、加热、武器、爆破技术领域的发明专利价值。物理技术领域发明专利二级指标平均分值与其他四部相比有以下特点：①技术价值度平均分值最低。②经济价值度平均分值最高。③法律价值度平均分值仅次于人类生活需要，居于第二。出现以上特点的原因或许有以下几个：①与物理技术领域发明专利自身特性有关，也或许与专利价值评估指标的权重有关。②不同技术领域专利价值的3项二级指标具体情况差异显著，这在专利价值分值评估中影响很大。某高等院校物理技术领域发明专利价值评分分布情况如图11-13所示。

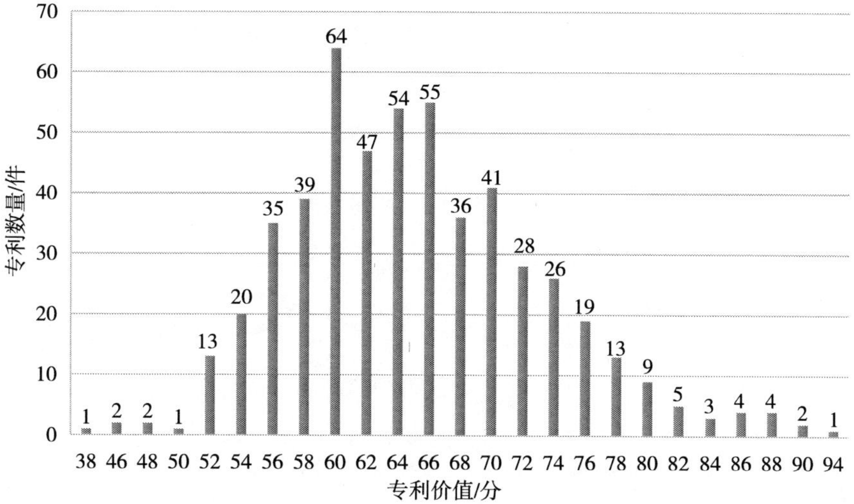

图11-13　物理（G部）技术领域发明专利价值分值分布

由图11-13可知，某高等院校物理（G部）技术领域发明专利价值评分整体呈右偏峰态分布的特征。某高等院校物理技术领域发明专利数量随着评分的增高而逐渐增多，在评分为60分时，发明专利的数量（共64件）达到峰值，而后逐渐下降。具体而言，某高等院校物理（G部）技术领域发明专利价值评分的分布情况呈现以下特征：①某高等院校物理技术领域发明专利的专利价值评分中，最低为38分，最高为94分，代表分数离散程度的变异系数为13.05%，说明评分分布的离散程度较高。②图11-13中某高等院校物理技术领域发明专利价值评分的峰值左侧，发明专利数量都随着评分的上升而快速增加。但峰值右侧，发明专利的数量变化呈现逐渐减少的趋势。发明专利价值的评分为67~80分时，专利数量减少的速度相对较快；发明专利价值的评分高于80分时，发明专利数量减少的速度相对缓慢。③某高等院校物理技术领域发明专利的价值平均分为66.22分，处于平均分以下的专利数量共333项，占物理技术领域发明专利总数的63.55%。专利价值评分为81~90分时专利数量共25项，占物理技术领域发明专利总数的4.77%。仅有3项专利的价值评分高于90分，占总数的0.57%。这说明高于平均分的专利数量虽然更少，但其分值更高，这在一定程度上也验证了第一点特征。这并非毫无意义，因为这一特征至少能够说明，在某高等院校物理技术领域发明专利中，存在若干价值很高的发明专利。虽然数量有限，但专利价值高，能够提升专利价值的平均水平。由此可见，申请专利时不仅要重视专利数量，更需重视专利质量，价值高的专利才能真正推动科技创新，给专利权人带来经济收益。

11.5.2 物理（G部）技术领域发明专利价值评分分段分析

在对某高等院校物理（G部）技术领域发明专利价值评分情况以及具有代表性的三级指标分布情况进行了整体分析之后，有必要针对不同分数段以及各分数段中居于前列或末尾的专利进行详细解读。本部分将对不同分数段的专利以及总分排名居于前五位与后五位的专利进行具体分析。根据某高等院校物理技术领域发明专利评分情况，将其划分为40~60分、61~80分及81~100分三个分数段，分别称作低分数段、中分数段及高分数段，其各自专利数量为113项、383项、28项，具体情况如表11-10所示。

表11-10　某高等院校G部不同分数段发明专利三级指标平均分值

指标	高	中	低
发明人数量	2.6	2.7	2.3
第一发明人	11.6	5.9	0.7
技术覆盖范围	1.6	0.3	0.0
技术关联度	3.2	0.9	0.6
行业发展趋势	8.4	7.9	7.2
审查时间	8.1	8.5	8.2
专利许可	5.7	0.3	0.0
权利转移	3.6	0.2	0.0
同分类号专利数	10.0	8.0	5.3
剩余经济寿命	15.3	16.8	17.6
同族专利数	3.5	3.2	2.5
权利要求数	14.1	12.2	6.7
代理机构能力	17.9	17.2	13.3
维持时间	6.9	5.0	3.7
多国申请	1.4	0.0	0.0
稳定性	20.0	20.0	19.6
技术价值度	17.4	11.7	8.0
经济价值度	27.1	19.2	17.5
法律价值度	40.6	36.7	30.9
总平均分	85.1	67.7	56.5

表11-10反映了某高等院校物理（G部）技术领域发明专利不同分数段专利三级指标平均分具体情况，纵向来看，有如下三个特点：①专利16项三级指标中有11项三级指标的平均分随总平均分的变化而变化，即在低、中、高三个分数段中依次上升。上述11项三级指标中第一发明人能力、权利要求数和代理机构能力的平均分在低、中、高分数段差异显著，特别是低分数段专利平均分与高分数段的平均分相比较，差值更大。②审查时间的平均分值在中分数段最高，在高分数段最低。而剩余经济寿命的

平均分与分数段的分值变化相反，即高分数段剩余经济寿命越短，低分段则越长。剩余经济寿命与维持时间对专利价值评分的影响是相反的，前文已有论述，不再赘述。③多国申请在高分数段评分最高，在中、低分数段为0分。或许多国申请是某高等院校物理技术领域发明专利法律价值度总分拉开差距的主要原因。

横向来看，不同分数段中三级指标的评分对总分的影响不同，如就低分数段而言，评分较高的有稳定性、代理机构能力和剩余经济寿命。中分数段除了上述3个指标还有权利要求数的评分较高。而高分数段评分较高的有稳定性、代理机构能力、权利要求数、剩余经济寿命、同类专利数和第一发明人能力。综上，或许某高等院校物理技术领域发明专利的第一发明人能力、同类专利数、剩余经济寿命和权利要求数对专利价值评分有较大的影响，是不同分数段拉开差距的关键指标。

另外，3项二级指标的评分因为次级指标分值的差别而有不同，具体情况如下：①整体来看，3项二级指标中，法律价值度评分最高，技术价值度最低。②横向来看，低、中、高分数段中专利都是技术价值度的评分最低，法律价值度的评分最高；中分数段的技术价值度与法律价值度的分值相差25分，差距最大。③纵向来看，技术价值度、经济价值度和法律价值度的分值在高、中、低三个分数段中逐渐拉开差距。法律价值度的评分在高分数段与低分数段中的差值最大，为9.7分；经济价值度次之，为9.6分。经济价值度在高分数段与中分数段的差值最大，为7.9分；技术价值度次之，为5.7分。这些特征的原因在于三级指标之间的区别，此处不做详解。

综合上述分析，在对不同分数段的某高等院校物理技术领域发明专利以及各分数段内不同指标评分进行比较后发现：稳定性、代理机构能力、剩余经济寿命、权利要求数、第一发明人能力、同类专利数、剩余经济寿命是影响专利价值评分的关键性指标，特别是高价值专利相较于低价值专利，第一发明人能力、同类专利数、剩余经济寿命和权利要求数的影响作用更明显。这些指标同时也是对发明专利价值产生影响程度较高的因素。

11.5.3 物理（G部）技术领域价值最高的前五件发明专利分析

选取若干具有代表性的专利进行详细分析以便深入了解一项高价值或低价值专利的各项指标评分情况。本书选取某高等院校物理技术领域发明专利中，价值评分居于前五位与后五位的发明专利，制作各指标评分雷达图，以对其进行深入探讨。图11-14和图11-15分别为评分居于前五位与居于后5位的发明专利的各指标评分雷达图。

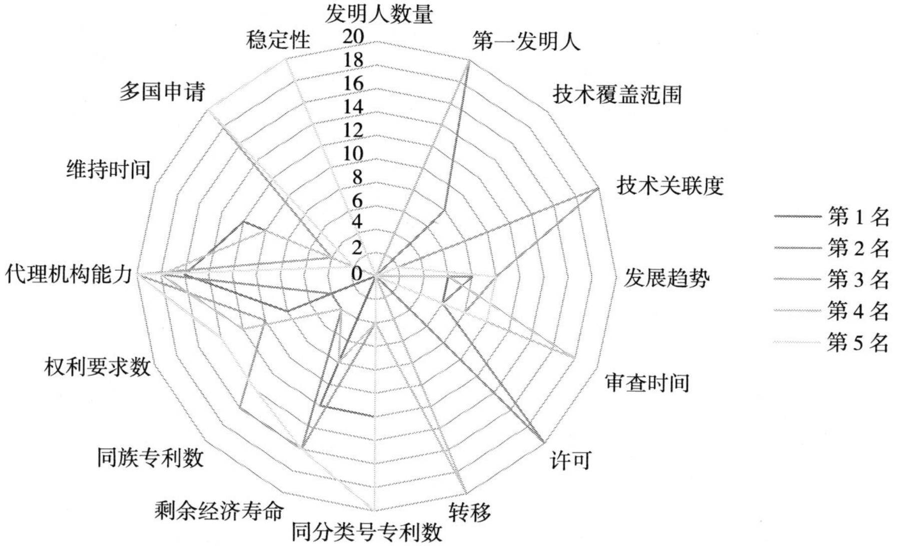

图11-14 物理（G部）技术领域发明专利价值前五位各指标分值分布

分析图11-14发现，专利价值居于某高等院校物理技术领域价值前五位的发明专利在各指标评分中具有两点特征：①价值前五位的发明专利各项指标评分中，较为接近的是代理机构能力、稳定性；②各项指标中评分普遍较高的为权利要求数、同类专利数、剩余经济寿命和同族专利数。指标评分接近可以从两个方面进行解释。一是此类指标对专利价值的影响程度较低，二是正是此类指标评分的高水平使得专利价值获得高分。区分这两种情况需要结合前述三个分值阶段中专利在各指标之间的比较结果。

11.5.4 物理（G部）技术领域价值最低的后五件发明专利分析

与图11-14反映的物理技术领域价值最高的前五件发明专利不同，反映物理（G部）技术领域价值最低的后五件发明专利的图11-15呈现的特征更加明显。

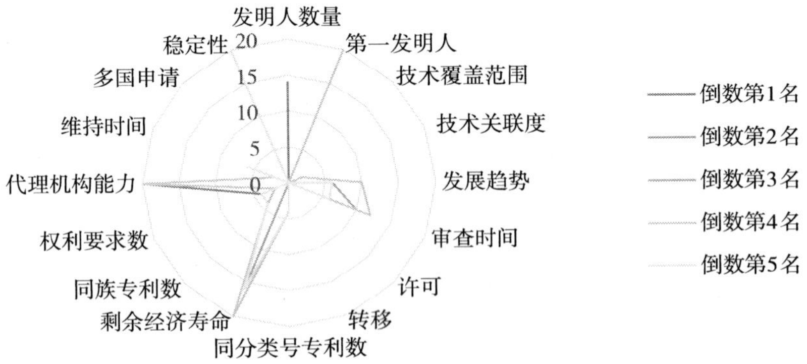

图11-15 物理（G部）技术领域发明专利价值后五位各指标分值分布

（1）图11-15雷达图右侧的各项指标评分普遍较低，尤其是同类专利数、专利转移、许可、审查时间、发展趋势、技术关联度、技术覆盖范围；左侧多国申请、维持时间、权利要求数、同族专利数等指标评分也相对较低。

（2）对某高等院校物理（G部）技术领域价值评分居于最后五位的发明专利而言，代理机构能力、剩余经济寿命、稳定性和第一发明人能力评分相对较高。其中剩余经济寿命指标，对专利价值整体评分意义重大，原因已在前文中作了解释，此处略去。稳定性评分较高的原因在于某高等院校物理技术领域全部发明专利经过统计，稳定性均处于同一水平，并无专利经历过无效或复审程序，不再特别说明。结合图11-13，代理机构能力评分较高说明某高等院校物理技术领域发明专利的专利价值与代理机构能力之间的相关性程度不强。换言之，就专利本身的特性对专利价值产生的影响相比，代理机构能力对专利价值的影响极小。在这一意义上，代理机构仅仅承担代理专利申请的程序性工作，并未对专利本身产生实质性或有效性影响。

11.5.5 物理（G部）技术领域发明专利价值分布特征

前文分别对某高等院校物理技术领域发明专利的价值整体情况及具有代表性的若干专利具体情况进行了分析。据此，可以总结如下：①某高等院校物理（G部）技术领域发明专利的价值评分整体呈现右偏峰态分布的特征，评分离散程度较高。②稳定性、代理机构能力、剩余经济寿命、权利要求数、第一发明人能力、同类专利数、剩余经济寿命是影响专利价值评分的关键性指标；特别是相较于低价值专利，专利价值高的专利的第一发明人能力、同类专利数、剩余经济寿命和权利要求数的优势明显。③稳定性、代理机构能力、剩余经济寿命等指标对专利的专利价值影响作用极小。④3项二级指标评分中，法律价值度平均分最高，技术价值度平均分最低；第一发明人能力、同类专利数和权利要求数是造成专利价值评分差距的关键性指标。

11.5.6 物理（G部）技术领域发明专利价值的具体分布

表11-11选取20个隶属物理（G部）技术领域的发明专利，对其具体的专利价值评分进行列举。

表11-11 物理（G部）技术领域发明专利价值的具体分布

编号	申请号	专利名称	专利价值
1	CN200510******.3	轴类零件弯曲变形面阵CCD测量方法及装置	70.7536
2	CN201010******.9	中高速传感器网络图像数据融合的方法	61.9661
3	CN201010******.7	智能电源控制装置及智能电源控制方法	71.095

续表

编号	申请号	专利名称	专利价值
4	CN02152******.0	纸浆悬浮液胶体溶解电荷的光度滴定测量方法	79.543
5	CN201110******.8	纸浆两相流PIV测量的图像处理方法	59.1373
6	CN201310******.4	直线地铁站台屏蔽门与列车间异物自动检测方法及其装置	76.0999
7	CN200910******.7	直流输电线路双端非同步且参数自适应的故障测距时域法	86.5302
8	CN201210******.9	阵列排布球体的选择性分流剔除及下料装置	64.113
9	CN201010******.2	造纸废水活性污泥法处理的仿真方法	63.3194
10	CN200910******.4	在线检测列车驾驶员行为和疲劳状态的方法及其检测系统	71.58
11	CN201110******.2	运动火源扩散火焰锋面三维结构测量系统与方法	65.3077
12	CN201210******.5	圆柱体沥青混合料试件的制作及多轮加载车辙试验方法	67.6754
13	CN201210******.X	有源有机电致发光显示器扫描驱动器及其驱动方法	81.5318
14	CN201210******.0	有源有机电致发光显示器的扫描驱动器及其驱动方法	75.9333
15	CN201210******.7	有线控制的口径可调的轮胎爆胎实验装置	59.9706
16	CN200910******.7	用于水泥余热发电系统的篦冷机抽风温度控制方法及装置	79.9051
17	CN201210******.2	用于全电动折弯机的多轴同步控制系统的控制方法	70.3595
18	CN201210******.9	用于沥青超薄加铺层试件的拉伸试验夹具及试验方法	64.6459
19	CN201310******.1	用于架空输电线路的在线测温装置及其测温方法	52.1249
20	CN200910******.6	用于大功率LED路灯照明的自由曲面偏光透镜	75.9321

第四部分

高等院校专利转移转化管理分析

12 专利转移转化和管理现状分析

随着知识经济时代的到来，知识产权资源日益成为提高国家创新水平和国际核心竞争力的重要软资源。尤其是在中国“大众创业，万众创新”的号召下，盘活知识产权资源对增强我国创新驱动力具有重大意义。十八届三中全会提出，“要加强知识产权运用和保护”。党的十八届四中全会则强调：“要完善激励创新的产权制度、知识产权保护制度和促进科技成果转化的体制机制。”党的十八届五中全会要求：“深化知识产权领域改革，加强技术和知识产权交易平台的建设。”高等院校作为知识产权创造的生力军和辐射地，肩负重要使命，即创造、保护并合理管理知识产权。2015年10月1日实施的《中华人民共和国促进科技成果转化法》修订案明确了高等院校可对其持有的科技成果，拥有自主决定转让、许可或作价投资的权利，进一步推进了高等院校知识产权的转移转化。

12.1 专利转移转化和专利管理的内涵

专利的转移转化具体而言包括两个层面的内涵：专利转移和专利转化。其中专利转移又可以从两个方面进行理解：①专利转让。专利转让是指专利权人作为转让方，将其专利的所有权或将持有权移转受让方，受让方支付约定价款的行为。通过专利权转让合同取得专利权的当事人，即成为新的合法专利权人。专利转让的方式包括赠予、继受、交易等。②专利许可。专利实施许可也称专利许可证贸易，是指专利技术所有人或其授权人许可他人在一定期限、一定地区以一定方式实施其所拥有的专利，并向他人收取使用费用。专利实施许可仅转让专利技术的使用权利，转让方仍拥有专利的所有权，受让方只获得了专利技术实施的权利，并没拥有专利所有权。专利许可根据实施条件的不同，可以划分为普遍实施许可、排他实施许可、独占实施许可、分售实施许可和交叉实施许可。而关于专利转化可以分为狭义和广义两种。广义而言，根据吴汉东教授的理解，“专利技术转化是实现专利技术产业化、商业化和资本化的无形资产运营过程”。[1]其中专利技术的产业化是指将专利技术应用到生产经营活动之中，使之转化为有益的生产力，称为有价值的无形资产；专利技术的商业化，是指将专利技术作为商品转让给他人或许可他人使用，是专利技术转化运用的一种间接方式，也是专利技术转化为经济效益的重要途径，其主要表现为专利技术转让和专利技术许可两种专利交易模式，亦即前述的专利转移；专利技术的资本化则是关于专利投资或专利收购的运营问题，主要包括专利质押、担保、投资入股等。而狭义的专利转化则仅指专利技术的产业化。本书针对某高等院校的实际情况，采取吴汉东教授的观点，将专利的转移转化看作一个整体过程，意指专利权人将其拥有的专利或直接转化为生产力，或通过转让、许可等方式交由其他主体，进而实现专利价值的充分开发与利用的过程。

专利管理指专利管理人员，在有关单位和部门的配合下，为了促进专利创造、运用、管理和保护，形成的一套保障专利合法权益的制度执行以及经营活动。有学者根据专利管理的动态性、全面性及在企业生产经营中的作用，将专利管理过程分为专利获取、专利保护和专利商业化 3 个环节。[2]而根据专利管理的系统性，则可以将其划分为专利事务管理、专利信息管理、专利转化管理等。从狭义角度来看，专利信息指专利本身的资料以及专利权产生、发展和变更中所记录的信息，针对这些信息的管理即

[1] 吴汉东. 专利技术转化与无形资产运营[J]. 专利代理, 2016(2): 13-16.

[2] 曹勇, 等. 高新技术企业专利管理与技术创新绩效关联的实证研究[J]. 管理世界, 2012(6): 182-183.

专利信息管理。有学者认为，高等院校专利管理是指高等院校为了促进自主创新，推动专利的开发、保护和推广，规范专利代理工作，结合国家及地区知识产权制度及法律，由专门的高等院校专利管理人员针对高等院校专利资源实施的有目的的规划、组织、协调、实施和控制，以获得最佳经济价值并不断提高行业竞争力的过程。❶高等院校专利管理的内容主要包括专利的创造、转移转化、保护等。高等院校专利管理的总体目标是：从国家和学校发展的战略高度出发，按照国家法律法规及相关政策，遵循专利相关法规，建立完善的规章制度、组织模式及激励机制，充分调动师生员工的创造热情，确立和强化专利的权属意识和价值文化观念，最终形成相应的以专利技术研发、专利技术保护和专利技术运用为中心的运行机制和规范管理体系。

12.2　高等院校专利转移转化现状

12.2.1　专利申请量和授权量逐年增加

中国自1985年实施《中华人民共和国专利法》以来，随着人们专利意识的增强，专利申请量和授权量在逐年增加。2007—2011年，我国高等院校专利申请和授权量始终保持高速递增的趋势，尤其是2010—2011年，专利申请增量高达22848件。2011年高等院校专利申请量高达95592件，授权量高达53055件，分别是2007年的3.2倍和3.8倍。2013年，国内高等院校拥有发明专利11.6万件，同比增长19.6%，占国内有效发明专利总量的19.8%。2014年，国内高等院校拥有有效专利发明量为136613件，占国内有效发明专利总量的19.3%。截至2016年12月，国内大专院校有效发明专利总量为210553件，占国内有效发明专利总量的18.18%。❷

❶ 李芳溪，王魁，郭军，等．高校需要加强专利工作[J]．中国科技信息，2017(17)：22-23.

❷ 国家知识产权局规划发展司．中华人民共和国国家知识产权局专利统计年报2016[EB/OL]．(2016-06-20)[2017-06-22].http://www.sipo.gov.cn/tjxx/jianbao/2016nb.pdf.

12.2.2 专利转化率处于较低水平

虽然我国高等院校的专利申请数和授权数在大幅度增长，但是专利的实施转化率处于较低水平。根据国家知识产权局有关统计信息显示，2003年我国高等院校授权专利转化率达到最大值23.63%，此后逐年递减。[1]目前我国高等院校的专利转化率低，大多数专利被闲置，没能及时转移为生产力，未充分发挥其市场价值。这部分专利之所以沉睡在高等院校主要是因为其脱离了市场需求，或是通过专利技术转化获得的收益很难维持有效专利所需的费用。持续低迷的专利转化将会对高等院校的利益、技术革新以及社会行业的稳定带来损伤。

据《2014年有效专利年度报告》显示，与不同类型的专利权主体相比，2014年我国高等院校的专利实施率较低。我国专利平均实施率为57.9%，而高等院校平均实施率仅为9.9%，我国平均实施率是高等院校平均实施率的5.8倍。而在成功转让给他人专利占有效专利比率方面，我国总体平均值为5.5%。从专利权人的类型来看，企业与个人的专利转让率相对较高，均在5.0%以上，而高等院校的专利转让率偏低，仅为1.5%。而根据国家知识产权局发布的《2016年中国专利调查数据报告》显示，高校的专利产业化率[2]仅为3.3%，远低于企业51.5%、个人28%和科研单位25.3%的专利产业化率。此外，在于企业、科研单位和个人的对比中，高校的专利许可率和专利转让率均处在最低水平。[3]

---

❶何燕玲，袁杰．我国高等院校专利转化现状分析及对策研究[J].中国科教创新导刊,2013(35):23-24.

❷ 专利产业化率=用于生产出产品并投放市场的专利件数/拥有的有效专利数量。其中，拥有的有效专利数量采用先期数据（封面信息），发明专利、实用新型、外观设计拥有的有效专利数量采用先期对应数据的比例进行赋权处理。

❸ 国家知识产权局规划发展司，国家知识产权局知识产权发展研究中心.2016年中国专利调查数据报告[EB/OL].（2017-06-15）[2017-12-20]. http://www.sipo.gov.cn/zscqgz/2017/201706/P020170703338141249559.pdf.

12.3　高等院校专利管理取得的成绩

12.3.1　高等院校科研团队知识产权意识日益增强

早在2002年，科技部和教育部发布《关于充分发挥高等学校科技创新作用的若干意见》，就提出了要大力推动高等院校技术转移及产业化。由此足以看出国家对高等院校知识产权管理工作的重视。可惜当时高等院校的知识产权意识并不强烈，无论是领导管理层还是科研人员都未足够重视专利的申请、保护和维持。近些年随着科技的飞速发展，科研人员的知识产权意识日渐增强。有学者对高等院校的科研人员进行抽样调查发现：被调查人员中有80%的人曾申请过专利。而这80%申请过专利的人中有47%的人对专利实施了许可或成功转移。[1]这一数据表明高等院校中，绝大多数科研人员专利保护意识增强，深知申请专利可用来保护自身的发明创造。而且大部分科研人员通过实施专利许可和转移来实现技术发明的价值。

此外，如今高等院校的科研人员具有较强的保密意识。许多科研人员在创造了某项技术发明之后，并不是像以前那样急于发表论文或公开成果以获奖，而是先申请专利保护。他们意识到，专利申请可以充分保护其创造成果，并能使其成果发挥经济价值，最终转化成生产力以促进经济社会的发展。高等院校科研团队知识产权意识的增强，必会进一步推进高等院校知识产权管理工作的合理化。

12.3.2　高等院校知识产权管理日趋规范化和科学化

近些年，高等院校越来越注重对知识产权的管理，这主要体现在三个方面：①部分高等院校认识到专门的知识产权管理机构的重要性，于是建

---

[1] 张晓东，傅利英，于杨曜．高校科研人员专利意识调查研究[J].中国高校科技，2012(Z1)：29-30.

立了独立的知识产权管理机构，对学校的知识产权实施更加专业化的管理；②在设立专门的管理机构的同时，部分学校引进了专业人才，以提供专利申请、保护以及转化的专业咨询；③部分高等院校对自身的管理方法进行了调整，将战略管理思想引用到知识产权管理中，如大连理工大学颁布《大连理工大学知识产权战略纲要》，对学校知识产权的管理指明方向。该纲要明确了未来五年大连理工大学将在专利、技术秘密、著作权、标识和商标等方面要达到的具体指标与发展程度。

从以上三个方面可看出高等院校在知识产权管理方面的进步，但是这仅仅是少数高等院校的行为，大多数高等院校的知识产权管理仍未对上述三方面进行合理调整，致使其知识产权管理水平不高。

12.4 高等院校专利管理存在的问题

12.4.1 缺乏有效的激励机制来驱动高等院校专利事业发展

在高等院校中“重成果轻专利”的现象依旧存在，虽然部分科研人员已经认识到申请专利的重要性，但是当前高等院校在对教师、科研人员以及管理人员进行考核时并没有把专利放在与承担项目、发表论文和申报科技奖励等同等重要的位置。因此，仍有大部分科研人员优先选择发表论文或公开成果而不是申请专利。同时，通过对高等院校现有的评价机制进行考察发现，高等院校缺乏对专利维持方面的激励机制，这样容易导致“积极专利申请，消极专利维持”的现象。尤其在当下，我国高等院校的专利维持率偏低，甚至出现了专利提前终止的现象。这都在暗示高等院校需要完善其激励机制，为高等院校专利的健康成长提供优良环境。

12.4.2 高等院校专利保护措施不到位

高等院校关于保护专利的措施不到位，从而致使高等院校职务性专利大量流失和专利维持时间较短。我国专利法明确规定“执行本单位的任务或者主要是利用本单位的物质技术条件所完成的发明创造为职务发明创造”。但是目前高等院校对职务性专利和非职务性专利划分不明确，从而使许多原本是职务性的专利被申请为非职务性专利。而且高等院校的人才流动也可能带走部分职务性专利，对高等院校利益造成损害。据《2014年中国有效专利年度报告》显示，国内企业有效发明专利平均维持年限为6.4年，高等院校平均维持年限为5.0年，而外国在华专利平均维持年限是9.4年，在国外有效发明专利中，超过三成维持年限达到10年以上。这足以看出我国高等院校专利维持时间偏短。而导致高等院校专利维持时限偏短的一个重要因素是资金费用缺乏有力保障，正因为高等院校没有足够供专利维持的资金，故而专利维持时间不长。

随着科研人员知识产权意识的增强，高等院校的知识产权管理也在日趋成熟。但是在高等院校，仍然缺乏专利管理的复合型人才以及有效的激励机制。由于高等院校对市场需求的不敏感以及缺乏维持专利的费用，专利转化率未跟上专利授权量快速增长的步伐，仍然处于较低水平。高等院校需要进一步加大力度，对知识产权的管理进行合理改革。争取找准“病根”，以对症下药。使得高等院校专利及时转化，并充分发挥市场价值以推动科技进步；使得高等院校的专利管理井井有条，营造益于专利创造、申请、保护和维持的环境；使得科研人员保持较高的专利申请和维持热情，切实保护高等院校利益。

13　某高等院校专利转移转化和管理现状及问题

13.1　某高等院校专利转移转化现状及问题

13.1.1　某高等院校专利转移转化现状

由于调研手段和公开信息的限制，同时根据对所得数据进行的分析，本书将某高等院校的专利转移转化划分为两个方面：专利权的转让与专利权的许可。这其实仅仅指示了专利权转移的部分情况，而未能指示专利转化的情况。专利权转让与专利权许可的具体情况在本书第三部分，关于法律状态的描述中通过饼状图的方式进行了较为简洁的展示，此处对这一问题进行详细解读。调研数据显示，在某高等院校全部1286件有效专利中，经历了专利权转让的数量为23件，经历了专利权许可的数量为58件，既经历了专利权转让，同时又经历了专利权许可的数量为1件；前两种情况的专利数量分别占有效专利总数的1.8%和4.5%。可见，调研结果表明，这一比例过低。

然而，也有来自其他渠道的资料显示，某高等院校在推动专利技术成果转化应用方面成效显著，具体体现为：发挥科研平台作用，借助建筑、材料、机械、生物、造纸等107个部省级以上科研平台，对专利技术进行工程化和系统集成；于广州、东莞、珠海共建3个研究院，强化孵化辐射功能，加快专利技术转化进程。发挥科技人员作用，通过派驻科技特派员深入企业共同研发等合作模式，将学校具体专利技术与企业需求相结合，使超过50%的专利技术得到直接或间接应用，促进了知识产权的有效转化。

由此，调研结果显示的1.8%的专利权转让比例、4.5%的专利权许可比例，与该资料显示的“50%的专利技术得到直接或间接”应用之间有较大出入。本书认为这一差异可能源自以下几点：①本书所采取的调研手段是检索某高等院校全部有效专利，对每一项专利的各类专利信息进行统计汇总，具体包括发明人数量、权利要求数、同族专利数、法律状态、所属IPC分类等；而后基于检索数据形成某高等院校有效发明专利信息数据库。其中，由于公开信息的限制，在专利转移转化方面所能够获取的信息仅包括专利权转让情况和专利权许可情况，而无法得知某高等院校直接应用专利技术的情况以及前述两种转移中受让方与被许可方的具体情况。因此，这一原因可能导致了本调研结果与该资料中相关信息之间的差异。②本书的调研渠道为专业性的专利搜索引擎，凡能够搜集到的信息均为在国家知识产权局存档备案的法律文件，即某高等院校的专利授权说明书。因此，调研结果显示的数据是经法定程序、具有法律效力、以法定形式记录的公开信息。而该资料中所言专利技术得到直接或间接应用，可能存在以约定形式许可他人使用，以及自身直接应用等情况。加之对某高等院校而言，技术集成度较高，技术领域较为集中，不可避免地存在相互交叉使用专利技术等情形。由此，本书调研结果与该资料中信息之间存在巨大差异的现象便不可避免。但无论如何，二者之间存在如此巨大的差异仍然需要理性分析，借此发现某高等院校乃至全国高等院校在专利转移转化中存在的相关问题，以谋求解决之道。这一点将在后文中详细阐述。同时，本书在描述某高等院校专利转移转化情况时，依然以本书调研结果为准，以确保报告的科学性和一致性。

为了更加详细地对某高等院校专利转移转化情况的现状进行描述，本书将以IPC分类号为划分依据，分别对其专利权转让比例与专利权许可比例进行分析，具体参见表13-1。

表13-1 某高等院校各技术领域专利转让与许可情况

技术领域	专利权转让件数及占比		专利权许可件数及占比		专利权转让并许可的件数	合计
农业、林业、畜牧业、狩猎、诱捕、捕鱼	1	1.9%	2	3.7%	0	54
作业运输	12	2.5%	27	6.4%	1	471
固定建筑	2	3.1%	5	7.7%	0	65
机械工程	1	0.6%	8	4.7%	0	172
物理	7	1.3%	16	3.1%	0	524
合计	23	1.8%	58	4.5%	1	1286

根据表13-1，在调研统计的各类专利技术领域中，拥有最多数量专利权转让的是作业、运输类，其绝对值为12件，其次为物理类，专利权转让的数量为7件。但在关注绝对值的同时，还要关注专利权转让的数量占该技术领域全部专利的比例。据此而言，专利权转让率最高的是固定建筑类，这一比例为3.1%；其次为作业运输类，其专利转让率为2.5%；再次为农业、林业、畜牧业、狩猎、诱捕、捕鱼类，为1.9%。就专利权许可比例而言，最高的技术领域亦是固定建筑类；其次为作业运输类，其专利许可比例为6.4%；再次为机械工程类，其专利权许可比例为4.7%；物理类和农业、林业、畜牧业、狩猎、诱捕、捕鱼类的专利许可率最低。此外，既经历了专利权转让又经历了专利权许可的一件专利，其所属技术领域为作业运输类。

根据上述内容，可以将某高等院校专利转移转化情况总结如下：①整体专利转移比例在6%左右，其中专利权转让率为1.8%，专利权许可率为4.5%。②专利权转让率明显低于专利权许可率，说明某高等院校在专利转移方式上侧重于选取许可的方式，而较少采用转让的方式。③各技术领域的专利权转让率和专利权许可率存在较大差异，具体比例为0.6%~7.7%。其中专利权转让率由高至低依次为固定建筑类，作业运输类，农业、林业、畜牧业、狩猎、诱捕、捕鱼类、物理类和机械工程类；专利权许可率由高至低依次为固定建筑类、机械工程类、农业；林业；畜牧业；狩猎；诱捕；捕鱼类、物理类和作业运输类。④经法定程序进行专利转移的情形仅占某高等院校整体专利技术应用率的极小部分，即某高等院校除了采取法定程序进行专利转移以外，还可能利用多种其他方式对其拥有的专利技术进行直接或间接的应用。这一点的具体情形需要更为翔实和客观的调研进行佐证和分析。⑤根据本书第三部分中某高等院校不同技术领域专利价值评估的结果发现，经历专利权转让与专利权许可的专利较之未经历转让与许可的专利，其专利价值更高，这在说明转让率、许可率与专利价值具有相关性的基础上，也显示了某高等院校专利价值分布的某些特征。

对现状的描述和分析并非调研的最终目的，关键在于从对现状的分析中发现其中存在的问题，并据此提出具有针对性和可行性的对策建议。为此，需要在总结现状的基础上发现某高等院校在专利转移转化中所面临的困境与亟待解决的各种问题，以期提出相应的对策。

13.1.2　某高等院校专利转移转化中存在的问题

高等院校，尤其是理工类高等院校是促进我国科技进步和创新水平提升的重要载体。某高等院校作为我国传统的高等学府，在理工类，尤其是工科个别研究领域处于全国领先地位。其拥有的代表科研能力与创新水平的专利数量也一直居于全国各类高等院校的前列，关于某高等院校专利利用水平高的报道亦层出不穷。本书的目的之一便在于发现某高等院校在专利转移转化中存在的问题，并在此基础上提出对策，进而促进其专利应用水平的全面提升。

对高等院校专利转移转化的问题对策研究在近年来有快速上升的趋

势，总结而言主要包括以下几种：专利申请质量不高影响专利技术转化、专利技术成果与市场应用分离导致转化动力不足、专利技术转化配套政策存在瓶颈、转化机构市场化能力较弱、社会各界对高等院校专利转化认识存在分歧、高等院校专利技术转化受多种影响因素制约等。某高等院校作为国内专利技术转移转化的优秀典型与先行者，自然在面临的困境和问题上与普遍而言的高等院校整体有所差别，但仍然存在自身独有的一些问题，且这些问题因其先行者的角色而带有一定的“开创性”。为此总结某高等院校专利转移转化中的问题是必要且具有重要意义的。具体而言，以本书的调研结果为基础，根据对某高等院校专利转移转化现状的分析，可以发现以下问题：

（1）经法定程序，即依据专利法、合同法等相关法律法规进行专利权转让与许可的比例过低。如前所述，某高等院校专利权转让率和许可率仅为1.8%和4.5%，这一方面制约了某高等院校专利技术的应用水平，另一方面也从更深层次造成了科研创新资源的浪费。对于高等院校而言，专利的申请与维持并非目的，而是一种手段；但是将专利申请与维持作为何种目的的手段存在现实和理想的分歧。理想状态下，高等院校开展科研创新，将创新成果以专利的形式进行保护与维持，其目的应该是提升本单位、本地区乃至全国的科技创新水平，进而将研究成果通过各种渠道转化为现实生产力，或将基础性创新研究成果用于更高水平的尖端科技研究当中，发挥高等院校作为创新基地的重要作用。然而，现实中的情况是，高等院校科研人员大多将专利申请或维持作为评定职称、完成项目、获取奖励的手段和工具，并未使专利发挥其应有的技术价值。更何况，供给导向而非需求导向是我国高校科技事业的鲜明特征；[1]对于高校科研工作者来说，申请发明专利远比运营和维持发明专利更加重要。据重庆市知识产权

[1] 许治，范洁凭.我国校企联合申请有效专利分布特征研究[J].科学学与科学技术管理，2012(1):99-105.

局网站资料显示，75%的重庆科研院所单位将为了完成科研指标或项目要求作为申请专利目的之一，而将获得经济效益列为目的之一的只有22.2%。概言之，我国高等院校的专利申请与维持运营是在制度导向的作用下进行的，而非市场导向。这样就导致专利申请与维持成为异化了的目的之手段，进而浪费了科技创新资源。从根源上说，这一现象并非高等院校及其科研人员所愿，乃是从上至下的相关制度存在问题所致。这一深层原因此处不做赘述。

（2）专利整体及各技术领域中的专利转让率与许可率分布失衡。专利结构与专利技术领域的合理布局能够促进专利系统的功能提升，产生出“1+1＞2”的效果。这一点对于范围较广的国家和地区而言是不言而喻的，对于一个高等院校来说同样有一定的道理。虽然在一定程度上说，高等院校作为基本科研单位，有其研究领域的侧重，但相较于更为基层的科研人员、科研团队、下属学院或实验室而言，某高等院校应该避免专利布局的失衡。对此，一个很好理解的例子是“木桶原理”。从反面说，较为均衡的专利布局代表着科研创新资源在不同科研团体之间的合理分配，有利于促进他们之间的合理竞争，避免“一家独大”而造成的资源分配不均现象；同时均衡发展的科研水平，也能够促进不同技术领域之间的有效交流与知识共享，尤其是基础性研究横跨多个学科的属性，更使得科研资源的合理分配具有重要意义。此外，专利转让率和许可率失衡的另一个表现是：经历了转让与许可的专利基本上是各技术领域中专利价值最高的专利。从一般意义上讲，这并无不合理之处；但低转让率与许可率却从侧面反映出专利价值的低水平，或者说反映出专利价值的“两极分化”。

（3）缺乏科学的专利转移转化认定标准。这一问题源自本书调研结果和其他资料的对比。本书对某高等院校专利转移转化水平的测评标准以公开的具有法律效力的专利文书为准，得出结论：某高等院校专利转移转化总体比例为6%左右。来自其他资料的信息显示某高等院校专利技术得到直接或间接应用的比例超过50%，显然二者之间存在较大差异。这是缺乏科学统一的专利转移转化认定标准造成的。一方面，标准的缺乏导致信息的不对称，使得某高等院校专利转移转化的真实水平无法得到真实反映，在无法获取真实信息的影响下，势必制约专利转移转化相关制度和促进措施的制定和实施。另一方面，高等院校在科研创新上依赖于政府提供的财政支持，而政府提供财政支持的重要依据之一就是高等院校当前的专利转移转化水平；统一认定标准的缺失在政府与高等院校的沟通协调之间设置了一道鸿沟，损害了政府财政的针对性和效益性。

除了上述三个主要问题以外，专利管理的观念问题也不容忽视。有研究表明：多数高校教师认为，申请专利的动力因素依次为报奖及晋升需要，完成考核指标，体现科研能力等。[1]因此，某高等院校还应以其他高等院校为借鉴和比较对象，根据我国高等院校普遍存在的关于专利转移转化的一系列问题进行自我检查和自我改良；既从一般意义上防范普遍性的问题，又从专门意义上反思自身独有的问题，为下一步制定问题的解决对策夯实基础。

13.2 某高等院校专利管理现状和问题

13.2.1 某高等院校专利管理现状

现有研究中，关于高等院校专利管理现状的内容，多从以下几个角度入手：专利申请与授权的管理、科研过程的管理、专利产权的动态管理以及专利纠纷的管理。可以看出，高等院校专利管理包含了从科研立项、成果形成、价值评价、转化利用、纠纷解决等的全部过程。据此，当前关于高等院校专利管理现状的内容描述大多集中于专利的申请量（率）与授权

[1] 邹开亮，严真真. 江西省高校专利保护工作的问题及对策研究[J]. 技术与创新管理，2015(3)：248-251，263.

量（率），即专利产出及其趋势，专利管理制度及其机构，专利转化率等方面。显然，研究成果普遍将专利的转移转化作为专利管理过程中的一环进行分析，本书亦持此观点。但由于当前我国高等院校，尤其是某高等院校将专利的转移转化作为一项重要任务加以实施，因此将其单列出来进行现状和问题分析，而将其他管理内容作为统一整体进行现状和问题分析。

本书主要基于可得的调研数据，同时结合前述对专利管理这一概念的界定，将以专利信息为基准，具体从以下几个方面对某高等院校的专利管理现状进行总结梳理。①专利发明人管理。其中包括两个方面的内容，一是某高等院校专利的发明人数量，亦即观察一件专利是有单个发明人进行的，还是由多个发明人共同发明的；二是某高等院校专利的第一发明人情况，即明星发明人的具体分布。②专利代理机构管理。在一项专利的申请过程中，代理机构的能力往往能起到至关重要的作用。因此，某高等院校在专利申请过程中是否依靠代理机构进行专利申请，选取哪家专利代理机构进行专利申请以及如何选取专利代理机构以提升专利授权率等，都是专利代理机构管理中的重要内容。③专利技术领域管理。不同技术领域中专利数量的多少一方面反映了某高等院校的学科侧重，另一方面也显示出其科研创新资源的分配结构。构建科学、均衡的专利技术领域结构，能够促进高等院校科研水平的全面提升，同时促进高等院校科研资源的合理分配，提升资源利用效率，具体如下：

（1）专利发明以合作方式为主，且单件专利发明人数较多。根据本书第三部分中“发明专利影响因素分析”的相关调研结果发现，某高等院校的专利在发明人数上呈现出两个明显特征，即合作发明的专利数占据全部有效专利数量的绝大多数，其比例为92.8%，同时单件发明专利的发明人数较多。具体而言，由于可得调研数据的限制，相关信息仅能显示排名居于前三位的专利发明人，因此无法得知每件专利的具体发明人数。但是，从已有数据不难发现前述两点特征。对于一个高等院校而言，这种现象不难理解：一方面高等院校专利主要以项目成果的形式存在，其创造主体是承担某一科研项目的团队；另一方面，高等院校专利技术侧重基础研究领域，技术要求较高，单一发明人难以独立完成。根据相关研究，专利价值与发明人数之间存在正向相关关系，即发明人数越多则专利价值越高，因为作为专利发明人必须是对专利做出过实质的创造性贡献的人。但根据“物极必反”的道理，过多的发明人数也会带来科研团队管理成本提升、难以衡量贡献度等问题。

（2）专利代理机构集中，且与部分代理机构形成了长期合作关系。根据调研结果，发现在某高等院校的专利代理机构中存在三个方面的重要特征：①绝大部分专利集中在少数几个专利代理机构。调研结果显示，在某高等院校全部1286件有效发明专利中，仅广州市华学知识产权代理有限公司与广州粤高专利商标代理有限公司就分别承担了649件和433件，共占全部专利数量的84.14%；与此同时，其余三十余家代理机构分别承担了1件到34件不等的某高等院校专利申请业务。②某高等院校与部分专利代理机构开展合作的时间较长，即某高等院校长期将专利申请等业务交给为数不多的几家专利代理机构承担。具体如广州市华学知识产权代理有限公司与广州粤高专利商标代理有限公司均从十几年前就开始承担某高等院校的专利申请等业务，且随着时间推移，承担的业务数量越来越多。③专利代理机构承担某高等院校专利业务的所属技术领域很广，几乎涵盖了所有调研信息中所包括的技术领域。需要指出，这一数据统计的基础是某高等院校的有效发明专利，至于已然失效的专利，这一时间可能更长，数量可能更多。高等院校长期将专利业务交予为数不多的几个代理机构办理，且这些专利属于不同的技术领域。其原因是多方面的，既有客观方面代理机构能力的原因，也有主观方面长期合作形成的默契等原因。当然，这种现象的结果同样也是多方面，既有利好，也有弊端。

（3）专利技术领域分布差异较大，集中在作业运输领域和物理领域。

关于某高等院校专利技术领域的分布特征，在前述某高等院校专利转移转化现状中已经做了较为清晰的阐述，此处主要从科研创新资源的分配和整体创新水平均衡提升的角度对此进行现状描述。不言而喻，每一所高等院校都有其“擅长”的科技领域，集中表现为高等院校某一学科的高水平、某一科研团队的高素质甚至某一带头人员的高权威。这样，高水平的科研团队能够创造更多的科研产出，进而吸引更多的科研资源，借此又可以创造更多的科研产出。对于一个技术领域而言，这是一个良性循环。但是，对于高等院校内发展较为弱势的学科却恰恰相反，优势学科对创新资源的几近垄断使得弱势学科更加难以发展，因为资源总是有限的。即便如此，很难对是否应该将优势学科的资源向弱势学科转移进行定论，因为“木桶原理”之后还有“反木桶原理”，况且对于一个高等院校而言，使某一学科乃至多个学科都能在全国甚至世界居于领先地位，需要的并不仅仅是创新资源。

13.2.2 某高等院校专利管理中存在的问题

现有的多数研究将高等院校知识产权或专利管理的问题作为现状描述的部分之一进行总结，且在内容上呈现出一定的“同质化”，即大多将高等院校作为区别于企业、个人的专利权主体之一，从共性层面上提出其专利管理中存在的种种问题。本书采取与之不同的方式，在简单梳理高等院校普遍存在的专利管理问题之后，以调研结果为基础和依据，针对某高等院校专利管理现状总结出其中存在的问题或面临的困境，提出相应的对策建议。简而言之，我国高等院校专利管理存在的主要问题可以总结为以下几点：专利保护意识不足，专利投入产出比例低，专利维持率偏低，专利转化率低，专利管理体制不健全等。对于某高等院校来说，其专利管理水平在全国高等院校中处于前列，在专利意识、专利维持和专利转化等方面所遇到的问题也并非像其他高等院校一般如此严峻，但其自身仍然面临一系列独有的专利管理困境。尤其是与其他类型的创新主体对比而言仍然存在较大问题。研究表明，我国专利权人尤其是高校在专利市场化进程中存在着体制、观念、法制等方面的不足。[1]根据本书的调研结果可以总结如下：

（1）专利维持时间较短。本书所基于的数据是某高等院校部分技术领域的有效发明专利，截至查询日，某高等院校专利维持时间最长的已有12年，而最短的则仅有6天。对有效专利的维持时间进行统计因其未被终止且充满不确定性，从而不能真实反映单项专利的维持时间长短。即便如此，对大量有效发明专利维持时间的统计还是能够在一定程度上反映某高等院校专利的真实情况。具体而言，在1286件有效专利中，已经维持至10年以上的专利仅有7件，维持至7年以上的专利仅有36件，而至检索当日止仅维持了3年以下的有效专利则达到了101件。从积极意义上讲，这反映了某高等院校专利授权量的逐年提升，但更重要的，则揭示了其专利维持时间整体较短的现实问题。有一项调查显示，某高等院校全部失效专利的维持时间均值为7.1年，相较于20年的发明专利保护期，这一时间仍有较大的上升空间。

（2）与其他创新主体的合作不足。产学研合作长期以来就被认为是推动科技创新水平提升，合理利用创新资源的有效方式。这一合作方式不仅能充分发挥企业、高等院校和科研院所各自的优势，也能打通科学技术向生产力转化的联通渠道，更能在加强资源共享和信息沟通的基础上提升不同创新主体的创新能力与水平。不同创新主体之间的合作，其表现形式就是专利的共同申请人；当然并不排除各类创新主体在合作中签订相关协议，约定专利申请权归属某一单个主体。本书数据显示，某高等院校的专利中，由多个申请人共同申请并拥有专利权的专利数量仅为178件，占全部有效专利的13.8%。可见，绝大部分专利是由某高等院校独立申请并享

[1] 李颖，等.高校专利市场化机制内涵探析[J].中国高校科技，2014(6)：19-21.

有的。有效合作的不足容易导致资源匮乏、信息闭塞、动力不足等问题，同时作为高等院校，此举不利于专利成果的转化。

（3）专利技术竞争力较弱。专利技术竞争力的大小是针对专利的市场属性而言的，而评定专利技术竞争力大小的一个重要指标是该项专利所属技术领域中同类专利数量的多少。通俗地说，如果一项专利所属的技术领域中存在诸多与之类似的专利，则说明这一技术领域在一定程度上已经步入成熟或衰退时代，同时在与诸多同类专利的对比中，该专利的技术竞争力也将大打折扣。例如，石墨烯作为新兴产物其专利成果较少且处于上升阶段，石墨烯领域的专利技术或多或少带有开创性的色彩，因此其专利技术的竞争力较强；与之相反，化工产业已经经历了其发展的繁荣时期，该领域内的专利数不尽数，若一项专利属于这一领域，那么其技术竞争力则较弱。需要指出的是，同分类号专利数的多少仅是评定专利技术竞争力大小的众多指标之一，其验证的结果并不是绝对的，因此本书仅在相对意义上进行分析。如图13-1所示，某高等院校的专利数量随同大部分类号专利数量的增多而呈现增多趋势，这说明某高等院校更多的专利并不具有某一技术领域中的开创性地位，其专利技术竞争力相对较弱。

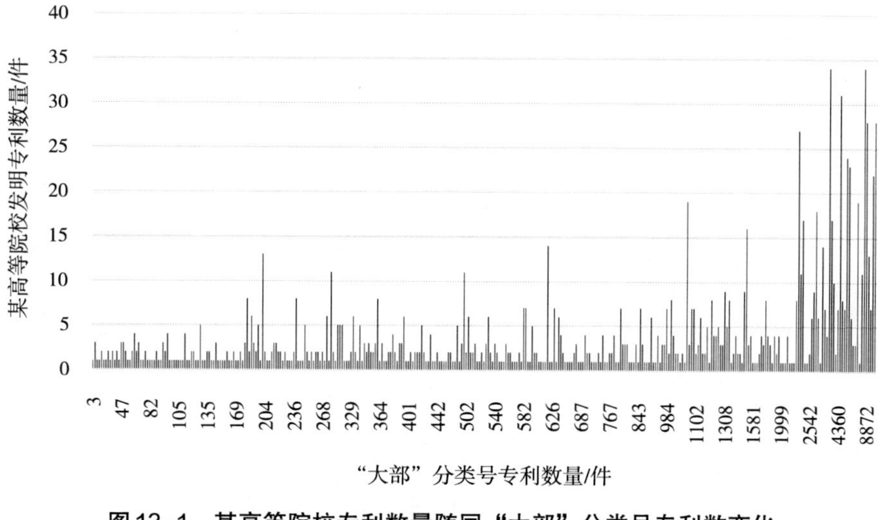

图13-1　某高等院校专利数量随同“大部”分类号专利数变化

（4）专利技术覆盖范围较窄。技术覆盖范围用以指明一项专利的应用广度，其标示是专利所属分类号的数量；如果一项专利所属的分类号数量较多，则说明其能够被应用于多个技术领域，拥有较广的技术覆盖范围。图13-2是根据调研结果制作的某高等院校专利分类号数量趋势图，可以发现，随着分类号数量的增加，专利数量逐渐减少，绝大多数的专利其所属的分类号数量少于三类。高等院校作为专利产出的重要一极，其拥有的专利与企业或个人相比所具有的一个重要特点就是专利技术的基础性，即专利技术属于基础性研究，具有科学意义上的共通性，而非可以直接用于生产甚至制作的独特性。某高等院校专利在所属分类号数量方面显示的信息揭露了其技术覆盖范围的狭窄，从而无法在多个技术领域得以应用。这一问题与专利转移转化水平低下糅杂在一起，严重限制了某高等院校专利质量提升和专利价值的发挥。

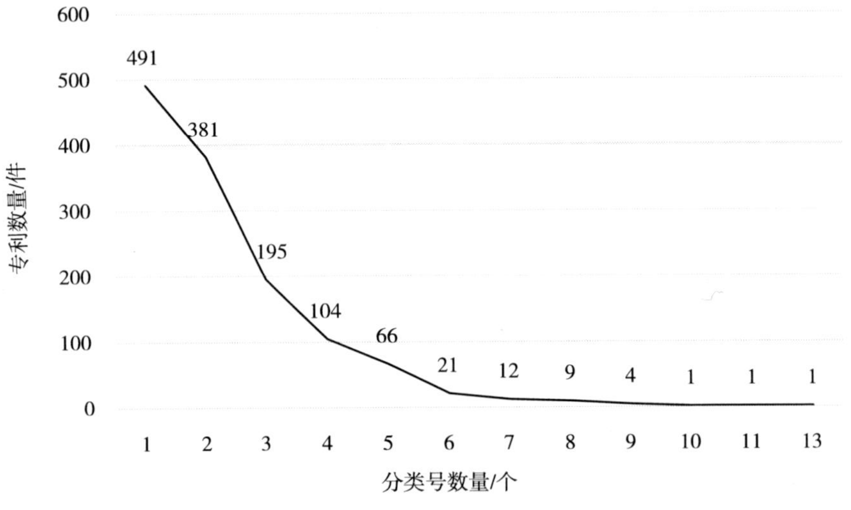

图13-2　某高等院校专利所属分类号数量趋势

（5）专利代理机构过于集中。前文对某高等院校专利管理现状的描述中对这一点已经进行了详细阐述。专利机构过于集中表现在两个方面，一是大多数专利业务集中交由为数不多的专利代理机构办理，二是不同技术领域的专利交由同一专利代理机构办理。这种现象并非全然属于待解决的问题，因其有利有弊，所以关键在于防范其带来的种种弊端。这一问题的提出基于一个道理，即有竞争才有进步。将不同技术领域以及绝大多数专利不加以区分地交由少数代理机构办理，容易造成代理机构的业务垄断，降低专利授权率。

（6）专利运营国际化程度不足。专利运营的国际化可以从两个方面进行理解：一方面，专利拥有外国优先权或国际申请；另一方面，在专利创造、运营、转化等方面开展广泛的国内外交流。本书对第一个方面的数据进行了统计分析，结果显示，在某高等院校的1286件专利中，拥有外国优先权或国际申请的数量寥寥无几。这说明，某高等院校专利运营的高水平仅局限于国内层面，对于一个立足国内、面向世界，并且拥有诸多高价值专利的大学，如果不能与国际接轨，提升专利运营的国际化水平，必然会限制自身科研创新实力的提升。

13.3　强化某高等院校专利转移转化和管理的建议

针对某高等院校专利转移转化和专利管理中所出现的问题，本书提出以下对策建议。

13.3.1　加大各类科研投入，不断提升专利质量

无论是促进专利技术的转移转化，还是开展基于专利的各类合作，首要的一点就是保证专利的高质量。在这一点上，加大科研投入，提供更加全面、优质的科研创新资源只是基础性工作，更重要的是科研人员素质的提升。此外，要注重运用各方研究成果，延长专利维持时间，进而提升专利质量，二者之间是相互作用的。例如，当前关于专利维持时间影响因素的成果颇丰，学者对影响维持时间长短的各类因素的作用方向和强度均进行了科学研究。具体来说，某高等院校应促进科研人员对相关研究成果的关注与学习，为专利创造营造良好的外部环境，建立与外部信息资源互联互通的专利信息服务平台，保障科研活动的顺利开展。

13.3.2 强化知识产权创造的市场导向，促进专利技术转移转化

高等院校很大程度上存在重论文项目轻知识产权、重专利数量轻专利质量、重专利申请轻专利运用等体制机制问题。据不完全统计，我国高等院校专利转化率不到10%，与美国、日本等发达国家的专利转化率相差甚远。失去了专利市场化的基础和机会，要么因无用主动放弃专利，要么因高成本被动停缴年费，造成维持时间普遍较短。我国高校缺乏标准的专利转化模式[1]，专利申请以项目的形式进行，且考核指标限定在专利申请和专利授权阶段，对专利是否得以转化应用未做规定，致使大部分专利被"束之高阁"。事实上，专利的生命力在于运用。与其让高等院校专利躺在一纸证书上"睡觉"或失效，还不如加快完善高等院校专利市场化转化机制。具体而言，强化市场导向、促进转移转化要从两个方向入手：①转变科研人员和专利管理人员的思想观念，树立市场意识，须知专利就其本质而言是市场的产物，离开了市场的专利只是白纸一张；②从根源上转变专利申请、维持与运营的制度导向，建立起一套由市场起决定性作用的体制机制。国家知识产权局《职务发明条例草案（送审稿）》中规定，对于国家设立的研究开发机构、高等院校"闲置"的职务发明，发明人可以在不变更权属的前提下根据与单位的协议进行转化实施，并按照协议享有相应的权益。[2]这一规定为发明专利的转移转化及有效实施具有积极意义。作为高等院校，虽然无法扭转当下专利制度部分异化的局面，却可以作为政策倡议者对此进行奔走呼吁，同时在学校内部尝试建立一套基于市场的激励机制。比如设立专利维持的跟踪机制、专利转化的扶持机制、专利浪费的惩罚机制等。

---

[1] 张平，黄贤涛.高校专利技术转化模式研究探析[J].中国高教研究，2011(12)：38-41.

[2] 中华人民共和国国家知识产权局.专利法问答：职务发明条例制定[EB/OL].(2015-04-24)[2016-01-07].http://www.sipo.gov.cn/ztzl/ywzt/zlfjqssxzdscxg/xylzlfxg/201504/t20150424_1107558.html.

13.3.3 优化专利技术领域布局，合理配置科研创新资源

所谓“1+1＞2”说的就是这个道理，即各部分以科学结构构成的系统功能大于各部分之和。这个道理对于专利技术领域的布局同样适用。一方面，适当均衡的技术领域布局能够促进各个学科之间的良好沟通，在交叉学科盛行的当下，跨学科研究也日益兴盛，有利于产出适用多个技术领域的科研成果。另一方面，合理分配科研创新资源能够防止优质学科不合理的资源垄断，进而扶持弱势学科的稳定发展，弥补高等院校学科发展中的短板，促进高等院校整体科研实力的提升。

13.3.4 依托现有科技云平台，探索专利托管服务

在不转让专利权属前提下，基于自愿原则，将高等院校现有发明专利委托托管方进行托管。由托管方缴纳专利维持费用，并积极促成专利转移转化，托管方和专利权人各占转移转化收益的一定比例。这一方面离不开政府的作用，即畅通信息沟通渠道，搭建专利权人、托管方、金融机构之间的桥梁；引导和鼓励有一定条件基础的专业化服务机构进驻专利托管信息系统，开展多项专利运营活动。某高等院校既可以探索这一方式，也可以基于自身知识产权管理部门建立专业性的专利转化孵化器，以专利权人代理人的身份直接吸引企业等外部主体购买或使用相关专利，从而建立常规性的专利转化机构。

13.3.5 校企联合开展科研合作，对接供需共享创新成果

当前，我国高等院校研发成果过于前沿，企业当下用不上，而企业在生产过程中遇到的技术难题，高等院校又不愿做，致使校企联合流于形式。[1]这就迫切需要完善科技资源配置机制，建立企业和高等院校间的专

[1] 郭亮，姚清晨. 专利市场化视角下校企发明专利维持时间影响因素比较研究——以华为和华南理工为例[J]. 科技进步与对策，2017(13)：106-113.

利输送机制，使高等院校专利来源于企业，又回归到企业。高校和企业应加强产学研专利合作网络的构建，形成“一体两翼”的专利合作模式。[1]只有高校、企业、市场之间形成良性互动，才能不断推动高校专利转化实现新的发展。[2]依托协同创新中心平台，校企之间可联合创造针对全国或本地区战略需求和产业发展方向的创新成果，促进校企之间实质性合作的开展，持续提升知识产权的质量和效益。

---

❶ 刘桂锋，等.基于社会网络分析的江苏省高校产学研专利合作研究[J].情报杂志，2015(1)：122-126.

❷ 刘斌，等.高校专利转化问题及对策研究[J].中国高校科技，2015(8)：50-51.

14　高等院校专利转移转化和管理规范（建议稿）

第一章　总则

第一条　专利是知识产权的重要组成部分，为鼓励发明创造，促进技术进步，根据《中华人民共和国专利法》《中华人民共和国专利法实施细则》《中华人民共和国促进科技成果转化法》，制定高等院校专利转移转化和管理规范。

第二条　专利管理包括（发明、实用新型和外观设计）专利的申请、专利基金、专利奖励及专利实施等工作。

第三条　专利转移转化是指专利转让、许可、质押和出资等。

第四条　完成重大发明创造，执行重大发明报告制度；发明人应通过所在单位将研究的重大成果报高等院校有关部门。

第二章　专利权的取得和归属

第五条　科研项目立项时必须进行专利文献查新，避免低水平重复研究和产生纠纷；申请专利应充分考虑其成熟性、实施的可能性、应用前景和经济效益。

第六条　科研项目研发过程中须进行跟踪检索分析，及时调整研究方向，必要时应及时采取专利保护措施，确保科研项目顺利开展。

第七条　科研项目完成后，项目负责人应及时向高等院校知识产权管理办公室提出书面的项目完成报告，并对完成的项目进行可专利性的分析，预测其经济效益和社会效益，同时提出是否作技术秘密进行保护或申请专利及进行成果鉴定的建议。

第八条　科研项目进行过程中或完成后，对有必要申请专利的内容，项目负责人应及时申请专利，在申请专利前不得公开发表导致有关技术丧失新颖性的论文或数据。

第九条　高等院校向国外、境外单位或者个人转让专利申请权、专利权的，应当经高等院校知识产权管理部门审查，并报高等院校法定代表人批准后，报请国务院有关主管部门审查批准。

第十条　职务发明创造的专利申请权及其获得授权的专利权均属于某高等院校，另有约定的除外。

第十一条　接受外单位委托或合作研究所完成的发明创造，按协议约定，申请单位可以是高等院校与合作单位。与国内外的单位或个人签订技术合作或委托开发的协议中必须订立专利条款，明确专利申请及其相关权利的归属等问题。

第十二条　专利申请的撤回及专利权的放弃：职务发明（设计）在专利申请过程中，发明人（设计人）或发明人（设计人）所在单位认为已无必要维持申请要求撤回的，或对获得专利权的职务发明创造，继续维持已无必要要求放弃的，发明人（设计人）必须提交撤回专利申请或放弃专利权的报告，说明撤回或放弃的理由，经所在单位主管负责人审查签署意见后，报知识产权管理办公室审定，委托专利代理机构向国务院专利行政部门办理具体手续。

第十三条　与外单位共同申请专利及获得专利权的，需要撤回专利申请或放弃专利权时，必须事先与对方协商，征得对方书面同意后，才能办理有关手续。

第十四条　授权后三年内未转化以及超过高等院校资助范围或年限的专利，学校知识产权保护管理办公室视专利涉及的技术领域、市场前景等情况决定是否继续予以资助维持。

第三章　奖励、报酬和绩效

第十五条　高等院校对其所有的专利技术应积极组织实施，对实施后取得重大经济效益项目的发明人要给予重奖。

第十六条　专利权被授予后，高等院校对发明人或设计人给予适当奖励，一项发明专利的奖金为_____元，一项实用新型专利或外观设计专利的奖金为_____元，经费由专利基金支付。

第十七条　高等院校转让给他人或许可他人使用的职务发明创造、职务技术成果，应当从转让所得的净收入中提取_____比例对完成职务发明创造、职务技术成果及其转化做出重要贡献的人员给予奖励。

第十八条　对经高等院校许可并签订协议，由职务发明创造、职务科技成果完成人自主进行产业化的，或以技术入股、合资合作方式与社会企业合作共同进行产业化的，可以经多方（双方）协商从转化收入中提取一定比例对完成人给予奖励。

第十九条　高等院校对独立研究开发或者与其他单位合作研究开发的科技成果转化成功投产的项目，连续三至五年从实施该项科技成果所取得的产值中提取____%，并从中划出____%对在研究开发及产业化中做出重要贡献的人员给予奖励。

第二十条　在高等院校专利的转化过程中有突出贡献的单位和个人，原则上高等院校将从转化所得收益中提取_____%作为报酬，具体比例的确定也可由高等院校、成果完成人和相关单位或个人进行协商。

第二十一条　学校依法保护职务发明创造、职务技术成果完成人的合法权益，对在高等院校专利的创造、运用、保护、管理和技术转移方面做出突出贡献的单位和个人，高等院校应给予奖励，并在工作业绩考评和职称评聘中予以承认。

第四章　专利的转让与许可

第二十二条　职务发明创造的专利申请权及专利权的转让、许可使用、作价投资入股或者作为对校办科技产业的投入，应当对专利进行资产价值评估，应当经学校知识产权管理部门审查，并报学校批准后，报请上级主管机关审查批准或者登记备案和公告。

第二十三条　结合学校专利转化工作实际，专利可以采用下列形式进行转化：

（一）以技术所有权转让形式将专利提供给他人实施，包括专利权转让、专利申请权转让、专有技术转让等；

（二）以技术实施许可形式将专利的使用权在约定范围内提供给他人实施，包括专利的普通实施许可、排他实施许可、独占实施许可；

（三）专利权作价入股投资企业或股权增资；

（四）专利转化的其他方式。

第二十四条　知识产权管理办公室负责审核和批准专利的转化形式和收益分配。与校外企事业单位的合作中，若涉及学校已有的专利，应先明确专利的转化形式和收益分配，后续再进行相应的研发或其他合作。

第二十五条　专利以转让和实施许可形式转化的收益方式应在转化合同中予以明确约定，合作方可采取一次性支付、分期支付、从产业化后的销售收入中提成支付等方式；专利以折价出资入股形式转化的收益方式，依据相关法律法规定执行。

第二十六条　专利以转让和实施许可形式转化所得收益，需扣除相应的成本（包含评估费用、实施许可期间的专利维护成本、中介报酬等）和税收，扣除后的净收益再予以分配。

第二十七条　专利转化应签订书面合同，且必须以“某高等院校”作为主体签订，并由知识产权管理办公室负责审核和签订，其他任何单位和个人不得私自对外签订转化合同；重大专利转化合同须经知识产权管理办公室审核，学校法律事务办公室会稿后报主管校领导批准，由知识产权管理办公室负责签订。

第二十八条　由其他单位协助进行专利转化的，高等院校应与协助方就收益分享等具体合作事项和保守技术秘密签订协议；协助方不得违反权利人有关保守技术秘密的要求，擅自披露、允许他人使用该专利。

第二十九条　专利申请权或专利权的转让费由双方约定或经专业机构评估，但原则上不得低于高等院校投入，包括用于该研究的各类科研经费、场地、设备、人员费用等。转让费数额应经由专利负责人所在学院或研究机构审定。

第三十条　职务专利实施许可或转让的到校合同经费，按高等院校、学院或研究机构，专利发明人或设计人_____的比例分配；专利年费由专利负责人所在学院或研究机构缴纳的，按高等院校、学院或研究机构发明人或设计人_____的比例分配；或转让的到校合同经费按高等院校、学院或研究机构，专利发明人或设计人缴费人_____的比例分配。

第三十一条　鼓励广大师生员工积极参与职务专利的实施转化，根据高等院校信息平台公开发布的职务专利权信息，经专利负责人及其所在学院或研究机构同意并在高等院校专利管理部门登记备案后从事专利转让或实施许可的推介活动；专利转让或实施许可成功的，推介人可收取___%的税前报酬相关费用额度由高等院校、学院或研究机构、发明人或设计人以及缴费人平均分担。

第三十二条　高等院校鼓励以实施职务专利的方式自主创业。经专利负责人同意，自主创业公司可以作为专利实施人与高等院校签订不超过三年的免费专利实施许可合同；免费实施许可期满后，实施人仍需使用相关专利的高等院校按每年相关专利产品的销售额的____%收取专利许可使用费或按专利权作价入股投资的方式继续实施相关专利。

第三十三条　职务专利权作价入股投资企业或股权增资的，由专利负责人、专利负责人所在学院或研究机构和实施单位共同提出申请专利管理部门审核相关专利权的有效性及在先实施转化情况等内容后代表高等院校授权实施单位组织实施。

第三十四条　职务发明创造获得授权的专利权作价入股投资企业独立承担国家、地方中小企业创新基金、产业化示范工程等计划科研项目的，高等院校在职称评聘、业绩考核等工作中进行成果评价时视为相关专利负责人承担的科研项目，项目经费额按职务专利权作价入股投资所占股份比例核定。

第三十五条　鼓励专利入股企业和实施转让。专利以无形资产形式入股企业所占的股份，按如下比例进行分配：高等院校占___%，技术发明人占___%；专利实施转让后产生的经济效益，税后收入按如下比例进行分配：高等院校___%，技术发明人___%；高等院校或高等院校控股企业使用专利取得经济效益，技术发明人可在该项专利使用所得的税后收益中提取___%；发明人所在学院（系）的收益权另行规定。

第三十六条　学院或研究机构应制定细则方案奖励在职务专利实施转化过程中做出突出贡献的人员；高等院校按照国家有关法律、规定，对职务发明人、设计人、作者给予奖励，该费用由高等院校支付，同时将获得发明专利、实用新型专利、外观设计专利权的职务发明记入发明人的考核档案，作为晋级增薪、职务晋升等待遇的审核指标之一。

第五章　专利申请和转移转化基金

第三十七条　高等院校设立专利转移转化基金，用于奖励获得专利权的发明人，并资助无经费的发明人申请专利所需费用等；该基金由高等院校知识产权办公室负责管理，主要用于资助专利申请和专利转移转化及专利维持。

第三十八条　专利发展基金通过下列渠道筹集：

（一）从专利实施后的利益所得中提取__%；

（二）专利转让、许可和投资的收益中提取__%；

（三）高等院校根据需要每年投资一定比例的费用；

（四）争取企业以及其他社会力量支持部分费用；

（五）其他来源。

第三十九条 凡需要高等院校专利转移转化基金资助的人员，可以向高等院校知识产权办公室提出申请。

（一）申请条件：凡属高等院校职务技术成果拟申请专利、转移转化和维持专利但经费有困难的均可申请专利基金资助。

（二）资助范围：对发明专利予以资助的费用包括专利申请费、代理费、实审费及其他有关费用；对实用新型和外观设计专利予以资助的费用包括专利申请费、代理费及其他相关费用；专利转让和许可过程需要的经费；专利年费。

（三）资助额度：根据专利基金经费情况资助，具体办法另行规定。

（四）申请程序：专利申请取得受理通知书后，凭有关专利申请文件向知识产权管理办公室提出资助申请，经审查后由知识产权管理办公室从基金账户直接划拨。

第四十条 专利基金资助基本原则：重点资助发明专利，适当资助实用新型专利，原则上不资助外观设计专利。

第六章 附则

第四十一条 本办法由某高等院校知识产权管理办公室负责解释。

第四十二条 本办法自颁布之日起施行。

参考文献

[1]王瑞敏,等.影响高校专利转化的因素分析和对策研究[J].科研管理,2013(3):137-144.

[2]唐恒,孔潆婕.专利质押贷款中的专利价值分析指标体系的构建[J].科技管理研究,2014(2):105-108.

[3]吕晓蓉.专利价值评估指标体系与专利技术质量评价实证研究[J].科技进步与对策,2014(20):113-115.

[4]中国技术交易所.专利价值分析与评估体系规范研究[M].北京:知识产权出版社,2016.

[5]张娴.美、日、德三国专利说明书对比分析[J].科技情报开发与经济,2005,15(13):91-93.

[6]杨丹丹.基于数据挖掘的企业专利价值评估方法研究[J].科学学与科学技术管理,2006(2):42-44.

[7]邱一卉,等.基于分类回归树算法的专利价值评估指标体系研究[J].厦门大学学报(自然科学版),2017(2):244-251.

[8]万小丽,朱雪忠.专利价值的评估指标体系及模糊综合评价[J].科研管理,2008(2):185-191.

[9]中国人民大学知识产权教学与研究中心,中国人民大学知识产权学院.中国知识产权发展报告2015[R].北京:清华大学出版社,2016:17.

[10]范月蕾,等.核心专利指标效力研究评述[J].图书情报工作,2014(24):121-125.

[11]杨中楷,等.论发明人的“个体选择”[J].科学学研究,2014(8):1144-1148.

[12]吴汉东.专利技术转化与无形资产运营[J].专利代理,2016(2):13-16.

[13]曹勇,等.高新技术企业专利管理与技术创新绩效关联的实证研究[J].管理世界,2012(6):182-183.

[14]许治,范洁凭.我国校企联合申请有效专利分布特征研究[J].科学学与科学技术管理,2012(1):99-105.

[15]邹开亮,严真真.江西省高校专利保护工作的问题及对策研究[J].技术与创新管理,2015(3):248-251,263.

[16]李颖,等.高校专利市场化机制内涵探析[J].中国高校科技,2014(6):19-21.

[17]张平,黄贤涛.高校专利技术转化模式研究探析[J].中国高教研究,2011(12):38-41.

[18]郭亮,姚清晨.专利市场化视角下校企发明专利维持时间影响因素比较研究——以华为和华南理工为例[J].科技进步与对策,2017(13):106-113.

[19]刘桂锋,等.基于社会网络分析的江苏省高校产学研专利合作研究[J].情报杂志,2015(1):122-126.

[20]刘斌,等.高校专利转化问题及对策研究[J].中国高校科技,2015(8):50-51.

[21]国家知识产权局专利管理司,中国技术交易所.专利价值分析指标体系操作手册[M].北京:知识产权出版社,2012.

[22]诺思.制度、制度变迁与经济绩效[M].杭行,译.上海:上海三联出版社,2014.

[23]中共中央宣传部.习近平总书记系列重要讲话读本[M].北京:学习出版社,人民出版社,2014.

[24]叶春明,刘长平.专利测度与评价指标体系研究[M].北京:知识产权出版社,2013.

[25]中国资产评估协会.资产评估准则:无形资产专利资产评估指导意见讲解[M].北京:中国财政经济出版社,2010.

[26]马维野.知识产权价值评估能力建设研究[M].北京:知识产权出版社,2011.

[27]史密斯,帕尔.知识产权价值评估、开发与侵权赔偿[M].北京:电子工业出版社,2012.

[28]李琰,郭书柜,王建明.石油化工行业专利价值与评估[M].北京:知识产权出版社,2016.

[29]PAKES A, SCHANKERMAN M. The rate of obsolescence of patents, research gestation lags, and the private rate of return to research resources[M]//GRILICHES Z. R&D, patents, and productivity. Chicago: University of Chicago Press, 1984.

[30]MANSFIELD E. R&D and innovation: Some empirical findings[M]//GRILICHESZ. R&D, patents and productivity. Chicago: University of Chicago Press for the National Bureau of Economic Research, 1984.

[31]万小丽. 专利质量指标研究[D]. 武汉:华中科技大学,2009.
[32]罗立国. 高校专利知识流动能力研究[D]. 武汉:华中科技大学,2013.
[33]高林. 专利知识宽度、创新与激励[D]. 天津:南开大学,2012.
[34]李振亚. 基于知识竞争力的我国高技术企业专利管理研究[D]. 哈尔滨:哈尔滨工程大学,2011.
[35]张韵君. 基于专利战略的企业技术创新研究[D]. 武汉:武汉大学,2014.
[36]中国人民大学知识产权教学与研究中心,中国人民大学知识产权学院. 中国知识产权发展报告2015[R]. 北京:清华大学出版社,2016:17.
[37]SVENSSON R. Licensing or acquiring patents? Evidence from patent renewal data[J]. Research institute of industrial economics,2007(8).
[38]吴艳萍,王晓燕. 地方性高校专利管理问题的思考[J]. 科技管理研究,2011(18):110-112.
[39]虞斌. 新形势下中国高校专利管理问题分析[J]. 中国高校科技,2016(4):10-12.
[40]郑艳梅,于冰. 高校专利管理工作存在的问题与对策[J]. 科技管理研究,2010(9):90-91.
[41]赵喜仓,王松顶,孙继跃. 高校专利技术转化能力评价指标体系研究[J]. 技术经济,2011,30(12):43-46,52.
[42]课题组. 高校专利技术转化体系构建和评价标准研究[J]. 中国高教研究,2011(12):41-45,55.
[43]肖国华,牛茜茜. 专利价值分析指标体系改进研究[J]. 科技进步与对策,2015,32(5):117-121.
[44]吕晓蓉. 专利价值评估指标体系与专利技术质量评价实证研究[J]. 科技进步与对策,2014,31(20):113-115.
[45]李清海,刘洋,吴泗宗,等. 专利价值评价指标概述及层次分析[J]. 科学学研究,2007,25(2):281-286.
[46]谢萍,王秀红,卢章平. 企业专利价值评估方法及实证分析[J]. 情报杂志,2015,34(2):93-98.
[47]侯剑华,朱晓清. 专利价值在技术转化过程中的影响因素探析[J]. 技术与创新管理,2014,35(1):34-39.

[48]郭磊，蔡虹，张越．专利战略化情境下的产业核心专利态势分析[J]．科学学研究，2016，34（11）：1663-1671，1757．

[49]胡小军，陈劲．基于专利结构化数据的专利价值评估指标研究[J]．科学学研究，2014，32（3）：343-351．

[50]靳晓东，谭运嘉．一种专利组合价值评估模型的设计[J]．数量经济技术经济研究，2013（4）：99-110，137．

[51]梁燕，吴锡尧，张素娟，等．高校专利评估现状、影响因素及其对策研究[J]．科学学与科学技术管理，2004（4）：48-50．

[52]邱一卉，张驰雨，陈水宣．基于分类回归树算法的专利价值评估指标体系研究[J]．厦门大学学报（自然科学版），2017，56（2）：244-251．

[53]王丽婷，王金花．我国高校专利维持现状和战略分析[J]．情报理论与实践，2012，35（11）：77-79．

[54]万小丽，范秀容．"985"高校专利竞争力研究[J]．华南理工大学学报（社会科学版），2014，16（4）：21-28．

[55]邹开亮，严真真．江西省高校专利保护工作的问题及对策研究[J]．技术与创新管理，2015，36（3）：248-251，263．

[56]周凤华，朱雪忠．我国大学发明不同归属专利权维持特征分析[J]．华中师范大学学报（人文社会科学版），2007，46（6）：29-36．

[57]张平，黄贤涛．高校专利技术转化模式研究探析[J]．中国高教研究，2011（12）：38-41．

[58]许治，范洁凭．我国校企联合申请有效专利分布特征研究[J]．科学学与科学技术管理，2012，33（1）：99-105．

[59]朱雪忠，乔永忠，万小丽．基于维持时间的发明专利质量实证研究——以中国国家知识产权局1994年授权的发明专利为例[J]．管理世界，2009（1）：174-175．

[60] SOMAYA D. Patent strategy and management：An integrative review and research agenda [J]. Journal of management，2012，38（4）：1084-1114．

[61] SERRANO C J. The dynamics of the transfer and renewal of patents[J]. RAND journal of economics，2010，41（4）：686-708．

[62]陈瑜，刘莉．为什么我国专利大多"活"不长？[N]．科技日报，2010-04-25（1）．

[63]刘燕．专家呼吁——专利维持年费太高，该改改了[N]．科技日报，2016-04-26（1）．

[64]ZEEBROECK N V. Patents only live twice: A patent survival analysis of the determinants of examination lags, grant decisions, and renewals[EB/OL]. (2017-09-08)[2017-11-15]. http://www.epip.eu/conferences/epip03/papers/vanZeebroeck_pap_nvz_patentsurvival_v09_Sep08.